幸福相随

李晓媛◎编著

太阳是幸福的，
因为它光芒四照；
海也是幸福的，
因为它反射着太阳欢乐的光芒。
——高尔基

中国言实出版社

图书在版编目(CIP)数据

幸福相随 / 李晓媛编著. -- 北京 : 中国言实出版社, 2017.6
ISBN 978-7-5171-2440-5

Ⅰ. ①幸… Ⅱ. ①李… Ⅲ. ①幸福－通俗读物 Ⅳ. ①B82-49

中国版本图书馆CIP数据核字(2017)第162319号

责任编辑：胡　明
封面设计：浩　天

出版发行　中国言实出版社
地　址：北京市朝阳区北苑路180号加利大厦5号楼105室
邮　编：100101
编辑部：北京市海淀区北太平庄路甲1号
邮　编：100088
电　话：64924853（总编室）64924716（发行部）
网　址：www.zgyscbs.cn
E-mail：zgyscbs@263.net

经　销　新华书店
印　刷　三河市天润建兴印务有限公司
版　次　2017年9月第1版　2017年9月第1次印刷
规　格　880毫米×1230毫米　1/32　印张7.5
字　数　200千字
定　价　38.00元　ISBN 978-7-5171-2440-5

前　言

有一个男孩子，从小生活在大山里面。每天清晨都赶着一群羊出门，等到晚上再吆喝着把羊群赶回家。日子过得虽算不上是丰衣足食，却也自得其乐。男孩子从来没想过要走到大山外面去，每当羊都在安静地吃草时，他就惬意地躺在草地上，望着头顶悠悠的白云，或者起身跑到不远的树林里摘一些新鲜的野果吃。

日子一天一天地过去，男孩子觉得这样的生活很幸福。直到有一天，一群山外人的到来，彻底改变了这个少年的想法。他们向他描述着外面的世界：宽宽的马路、高高的楼房、时髦的女郎，还有七彩的灯光。

这群人走后，男孩子再也不能像以前那样安分地放羊了，整日里托着下巴幻想山外边的城市，还有城市里人们的生活。他越来越坚信：幸福就在山的外面，就在山的那一边。终于有一天，男孩子踏上了通往山外的路。

山外边的世界是如此繁华而多彩，男孩子从心底里认为，这才是自己想要的幸福。

一年过去了，两年过去了，没完没了的工作和应酬，男孩子每天都拖着疲惫的身体回家。

十年过去了，二十年过去了，依旧是没完没了的工作和应酬，每天都拖着疲惫的身体回家。

终于有一天，一位老人整日里托着下巴，眯缝着老花眼，想起自己少年时在山里的生活。他感觉那时候的生活才是幸福的，幸福就在自己走出来的那座山里。

许多人都有这样的感受，仿佛幸福总是在山的那一边，遥远的犹如隔着远山的风景。其实，并不是我们的身边缺少幸福，只是因为我们的目光总爱盯着远处的地方。

目　录

|第一章|

幸　福

幸福在哪里 / 3

幸福感的重要性 / 6

要有幸福的思想 / 8

别洒落那滴“甘露” / 11

遏制住欲望的膨胀 / 14

跟上帝开个玩笑 / 17

学会“自嘲” / 20

如何感受幸福 / 23

把幸福握在自己手中 / 26

残缺也是一种美 / 28

放弃也是一种智慧 / 31

|第二章|

阳光一样的心态

幸福是心中的阳光 / 37

选择阳光心态 / 40

拥有快乐的心境 / 43

不为明天忧虑 / 46

诚实很重要 / 49

信心能压倒一切 / 52

幸福的外套 / 55

拿出心里的“钥匙” / 58

列出生命的清单 / 61

不要计较小事 / 64

别因比较而迷失 / 67

别为做过的事后悔 / 70

让自己洒脱些 / 73

一些简单的道理 / 76

|第三章|

绚丽的爱情

什么是爱情 / 81
不是为了生气才相爱 / 83
把失落感留给自己 / 85
这九扇门别都推开 / 88
且啜一杯苦咖啡 / 91
总有美丽的遗憾 / 94
得不到和已失去 / 97
有多少爱可以重来 / 101
云淡风轻的天际 / 104

|第四章|

婚姻之道

夫妻相处之道 / 109

用真心去体会 / 112

别等失去后才醒悟 / 115

刀柄之爱 / 118

偷藏起来的秘密 / 121

请让我陈述理由 / 124

优点为何成为缺点 / 127

抱怨是慢性毒药 / 130

爱要让她知道 / 133

留给对方足够的空间 / 136

守一份平淡 / 139

婚姻中的“离婚岩” / 142

|第五章|

亲情似酒 友情似茶

家是温柔港湾 / 147
父母的爱最深 / 151
父母经不起太多等待 / 154
真诚才是友情的味道 / 157
友情润物细无声 / 160
学会珍惜 / 164
有分享才有快乐 / 167
宽恕别人就是释放自己 / 170
给人留有余地 / 173
心怀感恩 / 175
适时去赞美别人 / 179
让自己有个好人缘 / 182
朋友是另一种未来 / 184

|第六章|

工作的幸福

今天吃苦，是为了明天的幸福 / 189

正确对待金钱 / 193

肯定自己的价值 / 197

做一个不可替代的人 / 200

幸福不会不劳而获 / 202

天道酬勤 / 205

工作也需要奉献 / 208

别让机会轻易溜走 / 211

保持冒险精神 / 214

磨炼是必要的 / 217

尊重自己的工作 / 220

做自己喜欢的事 / 223

负起自己的责任 / 226

控制自己的情绪 / 229

第一章

幸福

幸福在哪里

关于幸福一词，《现代汉语词典》上是这么解释的：

使人心情舒畅的遭遇和生活；（生活、遭遇）称心如意。

由此我们可以看出，幸福应该是人内心的一种情感状态。这也正吻合了心理学家对幸福的解释：幸福是人内心深处的一种情感状态，当一个人认为自己是幸福的，他就会在不知不觉中顺从于这种状态，这种状态也就越发明显。反之亦然。幸福是发自人内心深处的一种情感，它会在某一个瞬间，因心中的某一根弦忽然被牵动而迸发出来，从而使内心充溢着一种甜美的满足感。那么，我们又该从哪里获得幸福呢？

一只小猪问猪妈妈："妈妈，幸福在哪里啊？"

猪妈妈回答："幸福就在你的尾巴上！"

于是，小猪试着去咬自己的尾巴，可怎么咬也咬不到，只是在原地一个又一个地转圈。

小猪很生气，又跑去问猪妈妈："妈妈，我为什么抓不住幸福呢？”

猪妈妈笑了，抚摸着孩子的脑袋说：“孩子，只要你一直往前走，幸福也就会一直跟在你的身后……”

很多人怀里揣着苦闷，眼睛里满是迷茫，四下里寻找着幸福，却总是看到或感受到一些令自己不如意的场面，于是幸福在他们眼中便成了可望而不可即的风景。其实，这都是由于他们就如同那只小猪一样，总希望把幸福实实在在地攥在手里，于是拼命去追逐财富，迷恋于权力和地位，谁知最终的结果仍旧是得不到幸福。

幸福更多的时候只是一种感觉，只要你内心有幸福，并一直往前走，它就会像影子一样跟在你身后。它不会因为你平凡就抛弃你，也不会因为你出众就青睐你。

午后的街头，一个衣衫褴褛的乞丐靠坐在一棵大槐树下，嘴里哼着小曲，懒洋洋地晒着太阳。

一个闷闷不乐的富翁经过，很轻蔑地瞥了乞丐一眼，说：“像你这种一无所有的人，还活个什么劲儿？”

“您可不能这么说，”乞丐反驳道，“虽然我不像您那样有钱有势，可我有一样您没有的宝贝。”

富翁难以相信自己的耳朵，问：“你还会有宝贝？拿出来看看，要真是我没有的，我出高价向你买。”

“恐怕你买不去。”

“笑话，有钱还有我买不到的东西？到底是什么宝贝？”

“幸福。”

乞丐说完，又乐呵呵地靠着大槐树晒起了太阳。富翁在旁愣了半天神，更加闷闷不乐地离开了。

幸福感的重要性

很久以前，德国人并不相信幸福的存在，因此对幸福的研究也没有很长的历史。他们更相信一种叫“人间痛苦”的这样一个几乎无法翻译成其他语言的词组。由于对幸福感的轻视，德国人付出了惨重的代价：每五个德国人之中就有一人会在其一生中患一次精神疾病，主要是恐惧症和抑郁症。在过去的几年当中，每十个德国人中就会有一人连续几周时间患抑郁症，并且每年有将近上万人因精神疾病而自杀。同世界其他国家相比，德国人的自杀率要高得多。

抑郁症患者的数量还在迅速增加。越来越多的孩子、青年和成年人患上了抑郁症，这个概率比10年前高出了2.5倍。这种心理上的疾病正在全球范围内蔓延。相关专家指出，20年后，比起其他疾病，心理上的疾病将成为危害人类生命的头号杀手，有可能成为21世纪的瘟疫。

当然，并不是每一个没有幸福感的人都会得心理上的疾病，但日常生活中的沮丧和抑郁对人们的影响，要比我们所了解的可怕得多。这正如荷兰哲学家巴鲁赫·斯宾诺萨在书中写到的那样："幸福是完美状态的精神过渡之桥，相反，痛苦则是消沉的过渡之桥。"我们很需要一种有关幸福的文化来控制这种局面。

不幸可以毁灭一个人，而幸福却可以让一个人更健康，这是因为幸福感不仅作用于精神，还作用于身体。

幸福感可以提高人们的创造力。许多调查研究都表明，幸福使人聪明，有幸福感的人能更好更快地解决遇到的问题。这种作用不是短暂的，而是长久的。

幸福感可以让一个脾气暴躁的人变得温和，能够细心地对待工作和生活，与人相处时能够以一种欣赏的眼光看待他人身上的闪光点。

因此，我们可以说，人们生活的目的应该是为了得到幸福，而并不是为了痛苦。那么，如何才能让自己拥有幸福呢？大量的事实证明，只有那些拥有幸福感的人才能得到幸福。消极情绪会限制个人获得幸福的能力，积极情绪却能把幸福的道路拓展得更宽，幸福是主动的。幸福也不是别人能够给予的，而是自己心里首先要有幸福，然后在生命之中一点一滴将其筑造起来。人生中既有狂风暴雨，也有漫天大雪，可这一切并不能阻挡我们获取幸福，只要在心灵的天空中挂一轮希望的太阳，幸福之光就会永远照耀在你身上。

要有幸福的思想

天空中飞过一只小鸟。

在田地里劳作的老农看到后，拄着锄头叹气道："真是一只可怜的小鸟，一天到晚为了觅一口食而飞来飞去。"

一位依窗而立的少女看到了这只小鸟，叹气道："它可真幸福，有一双美丽的翅膀，可以自由地飞翔。"

一位正行走在回家路上的旅人，一抬头也看到了这只小鸟，于是止住脚步心想："如果我也长一双像它一样的翅膀，就能够早点到家了。"

同样的一种境况，在不同人的心里就会有不尽相同的感受和认识，这是因为他们彼此的心境不同。所以说，幸福更多时候只是一种感觉，它会因人而异。

征服了3/4欧洲的拿破仑拥有着被大多数人羡慕的权力、荣誉和财富，可对此他却并不觉得幸福，反而对人声称自己这一生当中，"从来没有过一天幸福的日子"。又聋又哑又盲的海伦·凯勒在很多人眼中是最不幸的人，可她却对人说："生活是这么美好。"

同样的一个人，在不同的时间里，对同一件事物的感受和认识也会不同。比如孩提时玩过的"万花筒"，把眼睛凑近筒眼，轻轻地转动手指，总是因里面一幅接一幅出现的画面而感到惊奇和喜悦，可随着年纪一天天长大，知道里面有的只是一些各色玻璃碎片之后，惊奇没有了，喜悦也随之消失。再比如小时候我们会因为得到一本漫画书而欣喜若狂，觉得很幸福，可现在你还会因一本漫画书而欣喜若狂吗？在这个意义上说，幸福也会因时而异。

其实，这一切的改变，只是由于外界的变化或者心境的改变，致使我们的心理状态发生了变化。那么，幸福是不是就像蝴蝶一样，总是在花丛中做短暂的停留便飞走了呢？外界的事物总是一刻不停地在变化着，是不是我们也因此只会在某时某地感觉到幸福，除此之外幸福就会像飞走的黄鹤一样，一去便杳无音讯？

清代的金圣叹在自己的书中写了这样一件事，简单地说就是：

一次，他和一位朋友被大雨阻在屋子里不能出去。这场大雨连续不断地下了10天，对坐无聊，两人便一件件地说起了生活中的乐事：

夏天，天气闷热难当，汗出遍身，正莫可如何时，雷雨大作，身汗顿收，地燥如扫，苍蝇尽去，饭便得吃——不亦快哉！

独坐屋中，正为鼠害可恼，忽见一猫，疾趋如风，除去了老鼠——不亦快哉！

上街见两个酸秀才争吵，又满口“之乎者也”，让人烦恼。这时来一壮夫，振威一喝，争吵立刻化解——不亦快哉！

饭后无事，翻检破箱子，发现一堆别人写下的借条。想想这些人或存或亡，总之不会再还了。于是找个地儿一把火烧了，仰看高天，万里无云——不亦快哉！

夏天早起，看人在松棚下锯大竹作筒用——不亦快哉！

冬夜饮酒，觉得天转冷，推窗一看，雪大如手，已积了三四寸厚——不亦快哉！

推纸窗放蜂出去——不亦快哉！

还债毕——不亦快哉！

读唐人传奇《虬髯客传》——不亦快哉！

………

如此看来，幸福的感觉或许因人而异，但却不都是由某些特定的事物决定的。即便是面临不测的遭际，只要有一颗可以感知到幸福的心，我们也会快乐起来，也会认为自己很幸福。这恰好印证了那句话：幸福的生活是由幸福的思想构成的。不管身处何种境界，只要你从心里认为自己能够快乐起来，你就真的快乐起来了。因为一个人的生活状况，就是每天他头脑里所想的那些，不可能成为别的样子。

别洒落那滴“甘露”

幸福是人人都向往的一种生活状态，可究竟什么样的生活才算是幸福的呢？

有人觉得坐高车驷马、住宽房大屋、餐餐吃大鱼大肉就是幸福，也有人觉得让别人鞍前马后地围着自己转就是幸福，还有人觉得穿锦衣貂裘、一掷千金才是幸福……

可是在现实生活中，许多人尽管过着这样生活的，却并不觉得自己幸福。宽房大屋住久了，寂寞空虚便乘虚而入；大鱼大肉吃多了，胆固醇跟着升高，最后进了医院，才知道还是五谷杂粮养人；被别人众星捧月般围绕着，却找不到一个能说说知心话的人……

那么，幸福的秘密到底在哪里？我们如何才能让自己幸福？

小天使出生后的第二天，就来到了上帝居住的城堡里，寻找得到幸福的秘密。

上帝得知他此次前来的目的之后，就对他说：“现在我还没有时间向你讲解幸福的秘密，你可以自己在我的城堡里好好转一转，或许会有所发现，不过两个小时之后你要再来这里找我。”上帝说着话，递给小天使一把汤勺，并在里面滴了一滴甘露，又叮嘱小天使说：“走路时你要把汤勺拿好了，不可将甘露洒落。”

小天使告别了上帝，便开始沿着城堡的台阶上上下下。他小心翼翼地走着，眼睛一刻不停地盯着拿在手里的汤勺，生怕洒落了甘露。两小时之后，他身心俱疲地回到了上帝面前，甘露完整无缺地躺在汤勺里。

“你找到幸福的秘密了吗？”上帝问道。

小天使摇摇头。

“难道你没有见到我餐厅里那块美丽的波斯地毯吗？那座历经30年才建造好的大花园，你是不是觉得它十分美丽？你注意到我图书馆里那些美丽的羊皮卷了吗？”上帝继续询问道。

小天使很惭愧地低下了头，说自己只注意上帝交给的那把汤勺和那滴甘露了，其他的什么也没有注意到。

“那你就再用两小时去见识一番我的那些珍奇之物吧。”上帝说道。

这次小天使感觉轻松多了，他拿起汤勺，开心地漫步在城堡里。这次他不光看到了美丽的波斯地毯和羊皮卷，还看到了天花板上的美丽雕饰，看到了墙壁上精美的艺术品，看到了大花园里美妙的山景和花木……一切的一切都让小天使感觉到惊喜，都有些流连忘返了。

再次回到上帝面前时，小天使兴致勃勃地讲述了自己所看到的一切。他问上帝，这就是幸福的秘密吗？

上帝笑而不答，问他："你看看我交给你的那滴甘露还在吗？"

小天使低下头一看，才发现那滴甘露不知什么时候已经不在汤勺里了。

"这就是我要你明白的，"上帝和蔼地对小天使说，"幸福的秘密在于欣赏所有的美，但是永远不要忘记了自己已经拥有的那滴甘露。"

幸福的秘密原来就是这么简单，就是守着自己拥有的那滴"甘露"，守着内心的那份平和宁静，徜徉于大千世界之中，却并不被那些五光十色的诱惑吸引，只是以一种欣赏者的心情去面对。我们为什么很多时候会觉得别人比自己幸福，就是因为我们总是在用欣赏者的眼光看别人，而用参与者的身份对自己。

"宠辱不惊，看庭前花开花落；去留无意，望天上云卷云舒。"当我们用一种欣赏者的眼光来看待自己的生活，幸福就会如那滴甘露一样流转在我们的心里。

遏制住欲望的膨胀

对幸福我们总是有着太多的假设：如果我有500万的话，就可以买一所房子、买一辆车，过上幸福的生活了；如果妻子长得漂亮些，善解人意又活泼可爱，我一定会觉得幸福；如果我是一个事业有成的人，出入的都是一些高级场所……

其实，人们对物质的摄取，都来源于对自我精神世界的追求，可是一旦人把自己的精神世界只定位在生活的舒适和安逸上，就会陷入这样的一个怪圈：当先前想要的物质生活得到了满足，或许会在极短的一段时间里感觉到幸福，可是过不了多久，却又发现精神世界又如先前一样空白，自己仍旧很痛苦——人的欲望是无止境的。这其实也就是很多人感觉不到幸福的原因。

痛苦与欲望就如同一双孪生兄弟，往往欲望越大，痛苦也就越大，二者来源于犹豫不决的心理，是由于对未来的不确定性而形成的一种心理状态。

生活中，当基本的需求得到满足之后，我们总是会贪婪地想得到更多，而从来不懂得去享受现在拥有的这些。于是，我们在贪婪为我们设计的不切实际的憧憬里生活，总会因为与现实的落差而觉得痛苦不堪，自己也如同被深锁在痛苦的牢笼里。

那么，我们该如何才能逃脱痛苦的牢笼并在日常的生活中感受到幸福呢？

如果你早晨一觉醒来身体健康，没有病痛，那么你要比其他几十万人更幸运，因为很多人都不能再看到这第一缕阳光了。

如果你到教堂做礼拜或去寺庙烧香拜佛，而从没经历过任何的惊吓、暴行和伤害的话，你要比其他十亿多人都更有运气。

如果你的冰箱里有食物，衣橱里有衣物，劳累时有家可回，睡觉时有床可躺，那么你要比世界上60%的人都幸福。

如果你在银行里有存款，钱包里有信用卡，过着衣食无忧的生活，那你就已经是世界上8%最有福气的人之一了。

如果你的父母健在，并且身体状况良好，自己的婚姻也从来没出现过危机，那你就是世界上最稀缺的人。

如果你读懂了这些，并且对此深有感触，那么你已经比另外十五亿多人幸福多了，因为你能够从文字里得到知识。

没有什么会早已准备好，只等着我们去享用，正如杰西·杰克逊所说，“上帝不会给我们橙汁，他只给我们橙子。”同样，上帝也不会赐予我们幸福，只会给我们创造幸福的材料。如果我们一直深陷在欲望的泥沼里挣扎，即便幸福的材料已在手中，也会被当成废弃物扔掉。

一位身患绝症的病人曾经写下这样一段话：“疾病蚕食着我

的身体。有时，外面的一切我都看不见、听不见，也闻不到；但有时，我可以看到阳光照在火红的枫叶上，照在孩子金黄的头发上；有时，我清晨醒来听见小鸟欢唱新一天的到来……这些让生命多么的美好！”

每一个人都有过这样的体验，当某些事情已经或即将过去时，我们才会知道这些是多么美好，可是之前为什么没有这样的感觉呢？那是因为我们一直被自己的欲望所驱使。请放下自己心中膨胀的欲望吧，不要再让形成幸福的材料从手里溜走。只有珍惜现在所拥有的，幸福才会成为我们生命中的永恒。

跟上帝开个玩笑

万事都有定期，万物都有定时。生有时，死有时；哭有时，笑有时；相守有时，分离有时；幸福有时，失落有时；栽种有时，采摘所种之物亦有时；拆毁有时，建造有时；撕裂有时，补漏有时；静默有时，言语有时；喜爱有时，憎恶有时；战争有时，和平有时。

生活变化无常，今天也许我们还在拥有幸福，明天也许就面临着意想不到的灾难和风雨。现实有时候像一个隐藏的诡计，处处充满着险恶与陷阱，也许我们已经非常谨慎了，但生活总是依然会给我们开一些或大或小的玩笑，让我们猝不及防。

面对上帝跟我们开的玩笑，你会怎么做呢？是任由命运的摆布，让上帝看我们哭泣？还是忍着眼泪告诉上帝：我不怕你？有的人也许会选择前者，因为他们认为除了哭泣什么也不能做；也有人会选择后者，跟上帝开个玩笑，告诉他痛苦不过如此。我想敢于跟上帝开玩笑的人，肯定是一个有着平常心的人，一个把任何痛苦都看得淡如云烟的人，一定是一个豁达、自信的人。

在纽约市中心办公大楼里，有一个开货梯的人。由于一次意外，他的左手齐腕被砍断了。一天，有人问他少了那只手会不会觉得难过，他说："不会，我根本就不会想到它。只有在要穿针引线的时候，才会想起这件事情来。"

在我求学时期，曾听到这样一个故事：

一所大学里中文系的一个老教授和音乐系的一个老教授同时被下放到非常偏僻的农场。他们每天的工作都一样，就是割草。一年以后，那位中文系的老教授不堪生活的折磨，含恨离开人世。那位音乐系的老教授仍默默地割草，劳动之余，还要哼上几首曲子。日复一日，年复一年，六年的时间一晃而过了。

音乐系的老教授又回到了当年任教的大学，重执教鞭。人们惊讶地发现，六年的苦难生活并没有使他衰老，站在讲台上的他，一如当年那样的神采奕奕。很多人问他，在农场的六年时间是怎么样熬过来的，他说，每一次割草都按照音乐的节奏割的，割草对他来说就是欣赏音乐。

把割草也当成一种享受音乐的大餐，这是多么豁达的胸怀啊！命运给我颜色，我正好开个染坊；命运给我一地的碎玻璃，我何不将它们制成可以跳芭蕾舞的水晶鞋？有一颗如此看透一切的心，还会有什么苦难不可以承受呢？

人生是一程没有保险的旅途，难免会遇到各种各样的意外遭遇。此时我们要告诉自己，这或许只是上帝跟我们开的一个玩笑，我们不妨怀抱着一种平常的心态，以玩笑的形式回敬上帝这样的一种心态，会让我们虽遭受苦难艰辛仍甘之如饴，虽处在风口浪尖仍如履平地。

即便我们不能像古人那样，泰山崩于前而面不变色，但一颗平常的心，足以让我们更好地体验生活的真谛，感受生活的美好。在这样的体验和感受之上，还能够让我们有一颗宽容的心。

学会“自嘲”

心理学家认为，一个人的身体状况在很大程度上会受其心理和精神状态的影响，约有一半以上的疾病都是由心理和精神方面引起的。因此，心理上的平衡对一个人的健康有着举足轻重的作用，也是我们感受生活中点滴幸福的基础。

生活中，每个人都难免会遇上一些让人难堪的局面，此时该如何摆脱窘境呢？“自嘲”不失为一剂良药。

在一次舞会上，一个个头偏矮的男子去邀请一位身材高挑的女孩跳舞，那女孩无礼地拒绝说：“我从不与比我矮的男人跳舞。”男子听了虽然有些生气，却没有发火，也没有指责对方，而是淡淡一笑，自嘲地说：“我真是武大郎开店，找错了帮手！”那女孩听后面红耳赤，反而不自然起来。自嘲，使那位男士走出窘境，保持了心境的平衡，而且还把尴尬抛还给了那个伤害自己的女孩。

有一个年轻人虽广有抱负，奈何想象多于行动，至今仍旧一事无成。一天在同学聚会上酒喝多了，面对几个老同学话里带着些冷嘲热讽的意味时，他也仿佛从心灰意冷中幡然醒悟，昂首挺胸地站起来，发誓说："从此以后我要站起来了！"可一落座，又有些后悔之意，觉得自己把话说大了，便自嘲着说道："全国人民1949年就站起来了，只有我现在才晓得要站起来！"他的话音刚落，周围的同学都为他鼓起掌来。

一个男孩狂热地爱上了一个美丽的女孩，可是追求了两年也不见女孩对他有丝毫的好感。一次，有人在大庭广众之下就此事取笑他，他狡黠地笑道："这两年来她总说我太帅气了，感觉自己配不上我。为了让她不再自卑，我努力了两年，可还是不能改变，既然这样，那就算了吧！谁让我太出众了呢！"一番话说得众人都欣然而笑。

曾看到一篇有关郑渊洁的访谈。记者问他"为什么选择写童话"时，他说："我是懦夫，不敢像刘胡兰那样为改变世界献身，就通过写童话逃避现实。"记者又问他"为什么创办《童话大王》月刊"时，他回答："我心胸特别狭窄，已经狭窄到不能容忍和别的作家在同一报刊上'同床共枕'。"当记者觉得他一个人将《童话大王》月刊写了20年，有些不可思议时，他淡然一笑，声明："这是懒惰的表现。写一本月刊写了20年都不思易帜，懒得不可救药。"记者最后问他："如果让你给自己写墓志铭，你怎么写？"他很干脆地回答："一个著作等身的文盲葬于此。"

生活中，适当的自嘲所表现出来的并不只是潇洒，更是谦恭、大度、智慧和勇气。一个善于自嘲的人，往往是富有智慧和情趣的人，也是勇敢和坦诚的人，更是把人生看得很透彻的人。他们能够用一种豁达的心态来包容所遇到的一切不如意，于是他们的生活也因此而变得美好。

有一次，美国前总统罗斯福家被盗，值钱的东西被洗劫一空。朋友们知道以后，都赶来安慰他，劝他不要太在意。谁知罗斯福却说："亲爱的朋友，谢谢你们的安慰，我现在很好。感谢上帝，因为：第一，贼偷去的是我的东西，而没有伤害我的生命；第二，贼偷去的只是我的部分东西，而不是全部；第三，最值得庆幸的是，做贼的是他而不是我。"

如何感受幸福

有一位叫杜朗的人一直感觉自己的生活很不幸，于是决定去寻找幸福。他先从知识里开始寻找。他读了很多书，但却发现自己仍旧感觉不到幸福，尽管里面有很多经典的语句和感人的故事。于是他便去旅行，心想大概自己观赏一些美丽的景物，心情就能愉快起来，感觉到幸福，谁知一路走来，得到的只有疲惫。他又想，或许只有有了足够多的财富，自己才会幸福，因此他凑钱开了一家自己的公司，并一颗心都扑在了公司的经营上。经过几年的努力，他的公司成为国内的知名企业，荣誉和赞扬汹涌而至，可他却如何也高兴不起来，无休止的钩心斗角和忧虑已经让他心力交瘁。他有些失望了，觉得幸福其实并不存在。可就在这时，一个镜头改变了他的看法。

那是在火车站里，一位中年男子下了火车，就径直走到一辆汽车旁，先吻了一下车内的妻子，又小心翼翼地轻吻了正在熟睡中的婴儿——害怕把他惊醒，然后钻进车子，开车离开了。目睹了这一幕的杜朗，突然深有感触，原来生活中的每一次正常活动都带有某种幸福的成分。

很多人都说不清楚幸福的真实含义，尽管他们每天都在想方设法得到幸福。其实幸福就在我们身边，就在我们日常生活的点滴之中，关键在于我们是否感知到了它的存在，是否懂得如何去感受幸福。很多时候我们之所以觉得自己不幸福，就是因为我们并不懂得该如何去感受幸福。

在一个小镇上有一家日用百货商店，店老板是一位50多岁的男人，他干这一行已将近有30年了。由于他人缘好，待人热情，小镇上的人都喜欢光顾他的商店，因此生意一直很兴隆。他没念过几年书，对会计业务根本不在行，尽管店面比以前大多了，也雇用了几个人帮忙，但仍旧不习惯用账簿记录来往的账目。他把支票放在一个棕色的大信封内，把钞票放在空烟盒里，而到期的账单却都被他插在了票插上。

一天，当会计师的儿子来探望他，看到眼前的状况，紧皱着眉头说："爸爸，你平时是怎么记账的，像现在这样经营下去肯定会赔钱的，你根本无法核算成本和利润。让我替你设计一套现代化的会计系统吧。"

老头微笑着摇头，说："不必了，孩子，别以为这样我就心里没数了。"

儿子显得很意外，问："那你平时是怎么计算利润和成本的呢？"

老头故作神秘地笑笑，说："我小时候生活在农村，我爸爸是一个地地道道的农民，他一无所有，去世时只留给我一条工装裤和一双鞋。我16岁离开了那里，来到了这个小镇上，通过自己辛勤工作，终于攒够钱，开了这家百货商店。后来遇到了你母亲，这让我觉得自己很幸运，我们很快地结了婚，并有了三个孩子。现在你们都大学毕业了，也有了自己的工作，你哥哥当了律师，你姐姐当了编辑，你也干上了会计师。我和你母亲住在一所挺不错的房子里，还有两部汽车。我是这家百货商店的老板，并不欠人家一分钱……”

男人停顿了一下，继续说：“我计算成本和利润的方法很简单，就是把这一切都加起来，然后扣除那条工装裤和那双鞋。”

儿子似乎明白了些什么，久久陷入沉思。

把幸福握在自己手中

生活中的我们必须有这样一个清醒的认识，没有任何我们自身之外的东西会伤害到我们，也没有任何我们自身之外的东西能控制我们的幸福。痛苦或快乐，其实完全可以由我们自己来决定。

一位女士总是这样抱怨道：“我觉得自己很委屈，生活过得一点儿也不快乐，因为我先生常年去外地出差。”

一位妈妈说：“我的孩子一点也不听话，总是和我对着干，真是气死我了！”

一位男士满面愁苦地述说道：“我对工作已经很用心了，可就是得不到老板的赏识，该怎么办才好！”

一位婆婆泪流满面地说：“儿媳妇一点儿也不孝顺，儿子对此也视而不见，我的命可真苦！”

一位年轻人从商店里出来，说：“这个商店的服务员总是一副爱答不理的样子，简直都快把我气炸了。”

这些人不约而同地做了一个相同的决定，就是把自己心情的好坏都交给了别人来掌控，从而把自己放在了一面镜子的位置上。别人高兴，自己就高兴；别人面无表情，自己也面无表情；别人生气，自己也就跟着生气。可另一方面，人毕竟有别于镜子，于是总感觉自己是受害者，抱怨和愤怒成了唯一的选择。可这一切的根源，只在于我们把选择的权利交到了别人的手里。

事情就是这么简单，我们总是把自己的幸福建立在别人的行为上，要求人家给自己幸福，可他们并没有给我们幸福的义务，因此我们不应该成为被人操纵的木偶，喜怒哀乐完全凭别人摆布，在一次次的失望之后变得痛苦不堪。其实，当我们因别人对自己的态度不好而生气时，就是在用别人的错误惩罚自己，使自己被动地陷于郁郁寡欢之中。

请记住，真正能让你快乐起来的，只有你自己，而不是外界的任何事物。

如果你觉得自己不快乐，那一定是你自己的责任。

残缺也是一种美

很久以前，有一个技艺精湛的老玉匠，希望有人能够把他的手艺学会，并且发扬光大。于是他收了三个徒弟，大徒弟、二徒弟和小徒弟。经过他六年细致耐心地传授以及弟子勤奋刻苦的学习，老玉匠想考察一下他们的学习成果。

在一天夜里，他把三个徒弟叫到跟前并且交代说：“有一块没有任何缺陷、毫无瑕疵的美玉在崇山峻岭的深处，它是一块无价之宝。你们学艺多年，是检验你们学习成果的时候了，你们也应该去成就自己的一番事业了。去找那块没有瑕疵的美玉吧，找到再回来见我。”

三个徒弟第二天清早就踏上了寻找美玉之路，向深山进军。

大徒弟是一个非常执着的人，并且注重生活实际。他在途中，偶尔会发现一块有些瑕疵的玉石，也会发现一些成色质地粗糙但是形状很特别的玉石。每每于此，他都会很细心地将各种玉石归类并且一一放到包裹里面。经过4年，已经到了他和师弟们约定回家的日期。当他看到满满的行囊里有各种各样奇形怪状、颜色不一、成色不等的玉石和一些充其量只是“奇石”的东西时，心里还是有一种失落感。他担心师傅不会让他进门，因为他根本就没有找到师傅所说的最为完美的玉石。但他很想念自己的恩师，即使被师傅训诫，他也要回去。同时他的心里也有一种满足感，在他看来，这些玉石也很美，虽然没有达到极致的完美。

他去寻找两位师弟，见到他们时，他们两人还都两手空空，什么也没有寻到。小师弟在看过他的行囊后，说：“你这些东西都不过是很一般的东西，外人可能会认为是宝贝，但并不是师父要我们找的绝世珍品，拿回去师父也不会满意的。”他继续说道，“我不回去，师父说过，找不到绝世珍品就不能回家，我要继续去更远更高更险峻的山里去寻找，我一定要找到那块绝世的美玉。”二师弟和小师弟的意见一致。玉匠的大徒弟只好一个人带着他的那些玉石，回去见师傅。当他把自己的成果交给师傅看时，师父脸上露出了笑容，一扫大徒弟往日的担心。

于是他又把两位师弟说的话传达了一遍。师父听了以后，叹了一口气，说道：“你的师弟们不会回来了，他们俩是不合格的探险家。如果他们幸运的话，能够中途醒悟，明白至善至美是不存在的这个道理，那是他们的福气。如果他们不能够醒悟，便只能付出一生的代价了。”

不久后，大徒弟开了一家玉石店。经他加工的玉石，每一块都价值连城，玉石都堪称无价之宝，连皇宫里的贵族都找他买玉石，可想而知他的知名度和财富是何等可观。短短几年过后，大徒弟的玉石店已远近闻名，在他寻找到的玉石中，有一块经过加工，成为不可多得的极品，被国王用作了传国玉玺，大徒弟也因此有了倾城之富。

又经过三年，二徒弟回来见师父，他只找到了几颗玉石，但是却费了他很多的心力。师父看过后，面带笑容，为他的醒悟感到庆幸的同时，也为小徒弟而惋惜。

又很多年过去了，师父的生命已经奄奄一息。大徒弟和二徒弟对师父说要派人去寻找师弟。

师父说："不要去找了，经过这么长的时间和失败都不能够使他醒悟，这样执迷不悟的人，即使回来了又能够做什么事情呢？世界上并没有完美的玉，也没有完美的人，为追求这种东西而耗费生命的人，何其愚蠢啊！"

"这个世界上并没有完美的玉，也没有完美的人。"我们都是从自己的不完美中去追求完美，一如在残垣断壁的瓦砾间寻找完整的东西。当整所房子都被破坏殆尽，已经没有完整的东西保留下来的时候，我们要还不知道适可而止，仍旧俯着身子在寻找，显然是愚笨的！

我曾经在一份杂志上看到过这样一个报道：有一个人看到维纳斯的塑像，认为是美不可言的杰作，可他同时又觉得：维纳斯的断臂是一种残缺。为了弥补这个残缺，他找人来给维纳斯塑了一只左臂。虽然塑的这只左臂很完美，可放在维纳斯身上，总给人一种不伦不类的感觉。至此他才恍然大悟：原来，残缺也是一种美！

放弃也是一种智慧

非洲人用一种奇特的方法捕捉猴子：在一个固定的小木盒里面，装上猴子爱吃的坚果，盒子上开一个小口，刚好够猴子的前爪伸进去，猴子一旦抓住坚果，爪子就抽不出来了。人们常常用这种方法捉到猴子，因为猴子有一种习性，不肯放下已经到手的东西，人们总会嘲笑猴子的愚蠢：为什么不松开爪子放下坚果逃命？但审视一下我们自己，也许就会发现，并不是只有猴子才会犯这样的错误。

在现实生活中，难道不是有很多人也像这只猴子一样吗？由于放不下诱人的利益，费尽心思地想利用各种机会去大捞一把，结果常常作茧自缚；还有的人也因为放不下到手的职务、待遇，整天东奔西跑，荒废了正当的工作；还有的人因为放不下自己所爱的人，结果是苦苦等候，不肯接受现实，被痛苦折磨了一个又一个春秋，一生都过着孤独的生活；还有的人因为放不下对权力的占有欲，行贿受贿，不惜丢掉做人的尊严，结果是事情败露，后悔莫及……

生命如舟，载不动太多的物欲和虚荣，要想使之在抵达彼岸时不致中途搁浅或沉没，就必须轻载，只留需要的东西，把那些应该放下的“坚果”果断地放下。放下不等同放弃，而是另一种积极的旁观与等待。

我们总是忘记不了曾经破碎的梦想，它使我们的生活变得越来越沉重，如果一直坚持下去，我们就会紧抱各种期望、恐惧和桎梏，直到再也承受不住任何压力。所以说，为了避免这种情况的发生，我们一定要告诉自己：“够了！得不到就勇敢放手。”

当然，在我们的人生经历中，每个人都有过梦想破碎的时候，只要我们能够放下这个梦想，很快就会有新的梦想产生，如果被梦想所束缚，你就会故步自封；如果勇于放手，就必定会有新的生活在等着你。

以前听说过一个真实的故事：有一个人攀登珠穆朗玛峰，在登到6400米的高度时，他渐感体力不支，就与队友打个招呼，悠然下山去了。当时有人为他惋惜：为什么不再坚持一下，再向上攀几步，就可以跨过6500米的登山死亡线了。他回答得很干脆：“不，我最清楚，6400米的海拔，是我登山生涯的最高点，我一点都不感到遗憾。”

人要学会为自己减负。我们要学会辩证地看待人生，看待得失，学会减去人生过重的负担。否则，不堪重负，结果往往事与愿违。人生应有所为，有所不为。我们有些事是可以去做的，有些事却是不能做的，不要把自己不喜欢做的事强加在身上，也不要把一件没有结果的事永远做下去，白白浪费时间。

美国的开国之父华盛顿是一位非常了不起的英雄，在他第二届总统任期届满时，全国劝其连任之声四起，他却毫不动摇地选择了卸任，给他的人生画上了一个圆满的句号，也使很多美国人到现在仍自豪于华盛顿为美国建立的制度。

学会放手，就得知道该放弃什么，不该放弃什么。为了熊掌，我们可以放弃鱼；为了纯真的爱情，我们可以放弃世俗的诱惑；为了事业的成功，我们可以放弃消遣的时光；为了庄严的真理，我们可以放弃利禄，乃至生命。我们应该保留生命中最有价值、最必需、最纯粹的部分，而放弃那些人生的附庸与累赘。

学会放弃，不是消极避世，也不是得过且过，而是一种审时度势、去粗存精的选择，是为了更轻快、欢愉地迈向人生的光辉顶点。要想领略泰山日出的壮美，就得放弃椅子上的安适；要想过上温馨实在的家庭生活，就得放弃单身的自在逍遥；要想拥有长久的掌声，就得放弃眼前的虚荣；要想成就一番事业，就得放弃闲暇的娱乐……大千世界，获得与放弃是相辅相成的。

适当的时候懂得放弃，也是人生的一种智慧。

第二章

阳光一样的心态

幸福是心中的阳光

在一位老人的百岁生日宴会上，有位记者问他：“幸福是什么？”老人微微沉吟一下，说：“幸福是心中的阳光。”

这位记者闻言显得有些意外，他以为老人会说幸福是儿孙满堂或年纪这么大身体依旧硬朗之类的话。这时老人的一个孙女悄悄告诉记者，老人是一个盲人。

你或许会有这样的疑问，一个根本就看不到太阳的人，为什么会说幸福是心中的阳光呢？其实静下心来仔细想一想，大概就能够理解老人的这句话了。照射在身上的阳光并不一定就会让人觉得温暖，而照射到心里的阳光才会让人觉得暖意充溢全身，有力量、有信心，对未知的将来充满希望。在我们的心里应该有阳光，并让这阳光照亮我们的生活。就一如这位百岁老人一样，尽管双目失明，但他的生活和人生却是明媚的，因为他有阳光般的心态。

心态决定命运，我们很多的不如意往往是我们自己造成的，并不一定都是由于客观因素的限制。客观因素或许会让我们一时陷入窘境之中，但最终能否走出去，关键在于我们有一个什么样的心态。这个世界上难免会有阳光照射不到的角落，如果眼睛只盯着这些地方，抱怨世界的不公正，那我们终其一生也只能生活在黑暗里。

英国的一家报纸在1997年的12月刊登了一张照片，是英皇室查尔斯王子与一位流浪汉的合影照。这张合影照来自一次相逢，一次很有戏剧性的相逢。查尔斯王子在寒冷的冬天去伦敦的穷人区拜访，竟然意外地遇到了自己以前的校友。这位叫克鲁伯的流浪汉，曾经和王子就读于同一所大学。当他在人群中喊叫着，告诉王子自己的名字时，王子已经根本不能将他和自己记忆中的那个人联系在一起了。王子大学的同学怎么可能沦落到街头，成为一名流浪汉呢？他的人生又会是怎样的一种经历呢？

原来，克鲁伯也曾拥有显赫的家世和高学历，可自从经历了两次失败的婚姻之后，他就变得自暴自弃起来，每天以酗酒为乐。最后，他从一名作家变成了街头流浪汉。在此我们不禁要问，是什么使克鲁伯从一位作家成了流浪汉？是他那两次失败的婚姻，还是他因此而消极下去的心态？答案当然是不言而喻的，其实，从阴影笼罩在他心灵的那一刻起，他已经输掉了自己的人生。这正如查尔斯王子在回忆起这个同学时所说的——“一个人对人生的态度比教育、金钱、环境更重要。”

心态是我们面对各种人生遭遇时的态度和反应。在生活中，遭遇逆境是每个人都不可避免的，此时，每个人的态度也就决定了将会有怎样的一个人生。好的心态能够使我们过上幸福的生活，不良的心态却足以毁灭我们的人生。那位双目失明的老人之所以年过百岁依旧身体健康，就是因为他有着一颗阳光般的心灵；同为是出身名门的查尔斯王子的同学之所以从一名作家沦落为流浪汉，就是因为他的心一直被黑暗所笼罩着。

请让阳光照射进你的心灵里吧，因为阳光照射到的地方，乌云必定会消散。

选择阳光心态

经常听人这么说，“我活得很累，活得很窝囊，活得很无聊……”他们总觉得这些烦恼的出现，都是由外界的客观原因引起的。这种想法是错误的，为什么我们不去审视一下自己面对生活时的心态？很多人面对人生中失败的困境，屡遭挫折的煎熬，无人帮忙的无奈时，往往会埋怨自己的家境不富裕、知识的浅薄、工作的不适合……可是对自己的冷漠、无知、懒惰、迷茫、软弱、轻视等消极心态却熟视无睹。承受生活得好与坏的主体是自己，而不是别人。很多事实证明，活得累多是自己心智未开，窝囊多是自己无能之举，贫穷多是自己观念未改和懒惰的结果。

俗话说，“积极的人，像太阳，照到哪里哪里亮；消极的人，像月亮，初一十五不一样”。好的心态决定好的命运。心态就好比是情绪和意志的遥控器，是一个人思维的习惯状态，是诸种心理品质的综合能力与修养，它决定着一个人的生活方向和质量，也是自己完全可以掌握的。“你的心态就是你生活的主人，决定了你的生活是否幸福。”因此，你生活得好与不好，关键在于你自己所选择的心态。

一个会享受生活的人，他的心态肯定也是积极的，这样的人面对人生时总能表现出一种自信、一种生命力，并吸引着财富、成功、幸福、快乐和健康。对于一个喜好逃避生活的人，总是怀有一种消极的心态，于是悲观、恐惧、麻木、脆弱便不请自来，而财富、成功、幸福、快乐和健康却避之唯恐不及。

有两位老太太，都已年过七旬。

其中的一位老太太认为，到了这个“古来稀”的年纪，可谓是人生的尽头了，于是整天忧郁寡欢。第二年的冬天，这位老太太便去世了。

另一位老太太认为一个人的生活过得好不好，跟年龄的大小没有关系，而在于自己对生活的选择。于是她努力寻找一条使自己活得更好的途径。她不顾家人的反对，开始尝试登山的乐趣。她觉得登山不仅可以锻炼身体、延长寿命，更重要的是可以使自己饱览大自然的风光。这位老太太从70岁开始爬山，前后20多年，她不仅征服了许多名山，而且还以95岁的高龄登上了日本的富士山，创造了攀登此山年龄最高的纪录。她就是著名的胡达·克鲁斯老太太。

当记者们采访克鲁斯老太太时，都被她的精神面貌和幽默的语言感染了。有位记者问：“您的精神面貌这么好，有希望打破世界吉尼斯长寿纪录……不过，我很想知道您活得好的秘密，是因为爬山运动练就的吗？”

“不。是我选择了幸福的心态，有了这样一个好心态，我才会选择爬山，才会选择生活，才能得到生活给我的一切，包括健康、幸福……”克鲁斯老太太如此回答记者。

歌德曾说过：“人之幸福全在于心之幸福。”一个人幸福与否，关键在于是否有一个幸福的心态。因为命运对于每个人来说都是公平的，要么去驾驭它，要么被它驾驭，其间我们的心态便决定了谁是骑手，谁是坐骑。

拥有快乐的心境

我的一个朋友，前几天经历了这样的一件事情：

那天他坐公交车回家，车站的人很多。在等车的时候，两位姑娘引起了他的注意，她们很亲热地挽着手，一个女孩个子有些高，另一个个子一般。

个儿高的女孩从背影看上去很标致，一看就让人想到活力四射，她的头发染成金色，穿的是最流行的吊带，完完整整的是一个时尚都市女孩，而且在她的身上还隐隐有一股难以说出的香味。

两个女孩站在那里不时地说着什么，而高个子女孩时不时还会快乐地笑出来，她的笑声很快乐，让很多人都转过了身子来注视她，在那些注视她的目光里有着一丝不解和一丝惊讶。

这种不解和惊讶，让朋友更加猜想她是不是一位非常漂亮的女孩，他也有一种冲动，想看看女孩长得如何漂亮，但是女孩一直没有回头。一段时间过去后，两个女孩唱起了歌，高个子女孩的歌声更让人难以置信，她唱得太好了。我朋友在心里想，只有幸福和对自己长像很自信的人，才能在人群里这样歌唱。高个子女孩的歌声也使朋友的好奇心加大了。

很巧，朋友和那两个女孩在同一个车站下车了。当他大步地走上去看到高个女孩的脸后，他惊呆了，也明白了车站和车上乘客为什么会有那样的表情了。女孩的脸是一张被烧坏了的脸，就算用触目惊心来形容也不算过分。但是我的朋友也很佩服那个女孩子，因为女孩在那样的情况下，还拥有那么快乐的心境。

我们之所以感觉不到快乐，把原本五光十色的生活过得平淡乏味，就是因为我们没有像这位高个子姑娘一样，不因为别人的言语或行为而左右自己的心情。我们忘记了，每一个人都是这个世界上独一无二的存在，我们缺乏自信。如果把人生比作是一艘航行在岁月里的船，我们就是自己命运的舵手，而自信能够引领我们去往想要到达的地方。

我的中学语文老师是一位很普通的老人，每当他面对一群新生时，总会说这样的一段话："人生前途的成败得失和幸福与否，关键在于是否树立了坚强的自信心。只要树立了坚强的自信心，人生将会是幸福的，明天的阳光也将会是美丽的。"

这句话我一直记到了现在，尤其是参加工作以后，这句话对我的启迪是深刻的。在工作中，就像我的老师所揭示的那样，若我们做每件工作都有足够的信心，那我们在做它之前就已经有一半的成功了。

信心是我们做成一切事情的基础，也是我们生活幸福的保证。人可能会在一不留神的情况下把钱包丢失了，也可能在迷茫的时候把梦想给丢失了，可什么时候也不能丢失的就是信心。当我们漫无目的地游荡在街口，当我们惊慌失措地在旷野里四处张望，信心就能帮我们找到回家的路。

不为明天忧虑

《圣经》里，耶稣曾对他的信徒说："不要为明天忧虑，因为明天自有明天的忧虑，一天的难处一天担负就好了。"

在撒哈拉大沙漠中，有一种非常有趣的小动物——土灰色的沙鼠，据说它们的生命力特别强。每当旱季来临之际，这种沙鼠都要囤积大量的草根。一只沙鼠在旱季里只需要吃掉2公斤草根，而沙鼠通常都要运回10公斤草根才能踏实，否则便会焦躁不安，吱吱叫个不停。经过研究证明，这一现象是由一代又一代沙鼠的遗传基因所决定的，是沙鼠的天生本能。曾有不少医学界的人士想用沙鼠来代替小白鼠做医学实验，因为沙鼠的个头很大，能更准确地反映出药物的特性。但所有的医生在实践中都觉得沙鼠并不好用。其问题在于沙鼠一到笼子里，就到处找草根。尽管笼子里的沙鼠可以用"丰衣足食"来形容它们的生活，但它们还是一个个地很快就死去了。医生发现，这些沙鼠的死亡是因为没有囤积到足够多草根的缘故，确切地说，它们的死亡是因为内心极度的焦虑。

很小的时候就听说过“杞人忧天”的故事：

一个杞国的人，在某个晴空万里的一天，突发奇想：“假如有一天，天塌了下来该怎么办呢？到时候活活地被压死，那可太惨了。”

此后，他几乎每天都为这个问题发愁，终日精神恍惚，脸色憔悴，似乎世界末日即将来临。

其实，仔细想想，即使天真的要塌下来，那又有什么办法呢？而关键的是，现在的天还好好的，姑且把心放下，一切等到那一天真的到来时再说也不晚。

有一个发生在“二战”时的故事，一位焦虑过度而病重的士兵向医生求助，医生了解他的情况后，对他说：“人生其实就是一个沙漏，上面虽然堆满了成千上万的沙子，但它们只能一粒一粒、缓慢地通过瓶颈，任何人都没有办法让很多的沙粒同时通过瓶颈。假设我们每个人就是一个沙漏，那些沙子就好像忧虑一样，我们必须让它们一个个地解决。”

这个沙漏的比喻是我们人生多么贴切地写照。人生就是一个沙漏，我们只能遵照生命的规则处理我们周围的事——不管是快乐还是忧虑，都要一点一点地享受或排解，不然，我们只能乖乖地做命运的奴隶。

作家荷马·克罗伊在纽约的公寓里写作的时候，经常被热水器发出的响声搅得心烦意乱。后来，他和几个朋友出去露营，当他听到木柴燃烧时发出的声音刚好和公寓里热水器发出的声音一样时，觉得非常奇怪，他在心里突然想到："为什么这些声音和热水器发出的响声一样，为什么我会喜欢这种声音而讨厌热水器的声音呢？"回来后他就告诫自己："火堆里木头的爆裂声很好听，热水器的声音和它差不多。我完全可以蒙头大睡，不去理会这些噪音。"结果，头几天他还注意到它的声音，可不久就完全忘记了。

这正如卡耐基所说："其实很多小忧虑也是如此，我们都夸张了那些小事的重要性，结果弄得整个人很沮丧。我们经历过生命中无数狂风暴雨和闪电的袭击，可是却让忧虑的小甲虫咬噬，这真是人类的可悲之处。"

人世或许是无常的，谁也说不准明天会发生什么样的事情，但只要我们抱着一种"活在当下"的态度，顺其自然，相信一切都会有所不同。看一看沙鼠，也许对我们倒是一种意外的提醒。放开心中的枷锁，释放自己的心情，忧虑只能束缚我们更多快乐的思想，而对现在的生活毫无益处。既然如此，何必还要为明天的事情忧虑呢？

诚实很重要

埃及有一个叫迪拉马的城市，被人称为魔鬼城。它处在帝王谷的入口处。相传，从比东法老到兰塞法老的600年间，凡是走进小城的外地人，没有一个不上当受骗的。

关于魔鬼城之谜，历来都有不同的说法。有的说，迪拉马是狮子、水牛、天狼三个星座在地球上的重心投射点，地理位置特殊，外地人走到这里，头脑就会失去思考的能力；还有人说，是埃及法老图特哈门的咒语在起作用，他说："凡扰乱法老安宁的人必死。"在这个入口处，他在用"破财消灾"的方式，仁慈地提醒你不要走进帝王谷。

这些并非耸人听闻，有史书记载，第一个来到这里的外地人是一个阿拉伯商人，他想贩些银器回国，结果被一个带路的小孩骗走了脚上的一双皮靴。还有一个来自大马革的旅行者，他想到帝王谷去寻宝，结果不到一刻钟就被一个吉普赛人连钱带行李骗了个精光。而且还说印度一个道行最高的巫师漫游到此，身上唯一的一件东西铜蛇管，也被一个哑巴骗走了。

然而，后来一位古希腊的哲学家来到这里，这些说法就被打破了。这位身为外地人的哲学家在城里住了一年，不仅头脑和原来的一样清晰，而且随身携带的东西一样没有丢。

很快这件事就被一个罗马人知道了，他听到这个消息后非常兴奋。他想，一个能清醒地走出迪拉马的人，一定是破解了法老咒语的人。因为他知道迪拉马这座小城是图特哈门法老故意安排的。据罗马的羊皮卷记载：图特哈门法老的陵墓修好后，为防止盗墓贼入侵，曾把关押在监牢里的三千多名骗子秘密流放到这里，法老相信一类人的智慧制约另一类人的智慧。罗马商人决定去拜访那位希腊哲学家。他随自己的商队来到希腊，可惜那位哲学家已经去世5年了。希腊人告诉他，哲学家去世前在摩西神庙的石壁上留下一句话，那句话是他从迪拉马漫游回来以后写上去的。于是商人来到神庙，凝视着石壁上哲学家留下来的话，他禁不住喃喃自语：说得好啊，说得好啊！然后匍匐在地，表达对哲学家的敬意。2300年后的一天，一位考古学家在迦勒底山脚下挖出7块巨大的石碑，其中的一块刻着一行字：当你对自己诚实时，天下就没有人能够骗你。这句话，正是那位哲学家留下的。不久，希腊政府宣布：摩西神庙遗址被发现。

美国心理学家安德森做过这样一个实验：他列出550个描写人的品性的形容词，让大学生们指出他们最欣赏的品质。结果出来后，大学生们评价最高的品质不是别的，正是真诚，而评价最低的品质是说谎。

这个社会是需要人和人之间相互交流的。借着交流，我们可以知道别人的想法，可以了解外面的世界，可以在众人中找到志同道合的人，也可以为自己的发展谋求到一个良好的外部环境。只是在这个交流中，我们要展现出自己的一种形象，而展现在别人面前的最佳形象，应该就是具有一颗真诚的心。

信心能压倒一切

1968年6月1日下午，海伦·凯勒在睡梦中去世了，终于走完了她奇迹般的一生。

海伦·凯勒1880年出生于亚拉巴马州北部一个叫塔斯喀姆比亚的城镇。在一岁半的时候，一场重病夺去了她的视力和听力，她也因此丧失了语言表达能力。然而就是在这个黑暗而又寂寞的世界里，她竟然学会了读书、写字和说话，并以优异的成绩毕业于美国哈佛大学的拉德克利夫学院，成为世界上第一个获得文学学士的盲聋人。她学识渊博，精通英、法、德、拉丁、希腊5种语言，她把自己的一生都献给了盲人福利和教育事业，赢得了世界各国人民的赞扬。

一个聋盲人要脱离黑暗走向光明，最重要的就是要学会认字读书，这需要付出超出常人很多倍的毅力。对此海伦并没有退缩，她相信自己能够办到，于是她用手指的触觉来观察老师莎莉文小姐的嘴唇，领会她喉咙的颤动、嘴的运动和面部表情。她为了使自己能够发好一个词或句子的语音，当别的孩子都在外面嬉戏、唱歌的时候，她还在努力地反复练习。事实证明，有时候，信心能够压倒一切阻碍。

海伦就是凭借着顽强的毅力和坚定的信心，克服了生理缺陷所造成的精神痛苦。她比常人更热爱生活，会骑马、滑雪、下棋，还喜欢戏剧演出，喜爱参观博物馆和名胜古迹，并从中得到知识。21岁时，她和老师合作发表了自己的处女作《我生活的故事》。之后，她先后写下了14部著作，成为享誉全球的残障女作家和教育家。

正常人尚且完不成的事情，一个残障人士居然做到了，而且做得相当出色。纵观历史的书卷，我们总能发现这样的事情，好像上帝对这样的人也总是眷顾有加。可是海伦却并不认为是这样的，她认为自己之所以会有这样的作为，只是把自己驾临在了命运之上，因为对于一个凌驾于命运之上的人来说,信心就是命运的主宰。事实上确实也是如此，如果说上帝在其间出过什么力的话，也只肯帮助那些自信的人。

每个人的一生当中，不如意的事十之八九，磕磕绊绊是难免的，但只要我们前进的方向朝着阳光，便不会看见阴影，若想获得幸福，就应该有获得幸福的信心。这份信心来自于对自我的认识和肯定，来自于对美好生活本质的向往，来自于百折不挠的毅力和持之以恒的决心。

著名的莱特兄弟初试飞行时，曾经有人讥笑他们是异想天开。但莱特兄弟充满自信地说道："即使上天的梦想永远是一个梦，我们也要在梦中像鸟儿一样离开大地，到湛蓝的天空中飞翔。”

试验一次又一次地失败了，莱特兄弟的耐心受到面临极限考验。当又一次看到飞行器尚未离开地面就又被撞得粉碎时，莱特兄弟再也忍耐不住了，当着讥讽他们的飞行器是“永远飞不起的笨鸭”的人流下了眼泪。但当他们执手相看泪眼时，他们竟又同时说：“兄弟，让我们擦干眼泪再来一次，我想我们最终会成功的。”

终于，飞行器平稳地离开了地面。尽管只是短短的几十分钟，但从此人类像鸟儿一样在天空中飞翔的梦想，已经变成了可以触摸得到的现实。从这一刻起，人类不再徒羡鸟儿的自由。

世界上的事情往往就是如此神奇，只要你有足够信心，其他的一切都不会成为你前进的阻力。

幸福的外套

古时候有一位国王，虽然拥有至高无上的权力和财富，也很受广大臣民的拥护和爱戴，但他并不觉得自己是幸福的，反而总觉得自己被许许多多的烦恼困扰着。不久之后，这位国王得了忧郁症。全国所有著名的心理医生都被请来，为国王看病。会诊后，全体医生通过讨论之后决定，只要给国王穿上一件幸福的外套，病症就会痊愈。此时问题又出现了，所有的医生和大臣都不觉得自己是幸福的。万般无奈，国王便派一位大臣去全国各地寻找一个觉得自己幸福的人，然后将他的外套拿回来。

这位大臣奉旨之后，马上启程了。他逢人便问："你觉得自己幸福吗？"谁知听到的答复都是"我觉得自己并不幸福"，因为他们不是觉得自己没有足够多的钱，就是觉得自己孤苦伶仃，或者得不到爱神的光临……

大臣走遍了全国各地，询问了成千上万的人，没有一个人觉得自己是幸福的。就在他心灰意冷，准备打道回府的时候，突然从山冈上传来一阵歌声吸引了他。歌声中充满了快乐的音符，唱歌的人一定是一个幸福的人。他这样想着，便循着歌声往山冈上走去。唱歌的人是一个樵夫，身旁放着一捆干柴，他光着膀子躺在山坡上，一边懒洋洋地晒着太阳，一边唱着歌。

大臣有些意外，试探着开口问道："你觉得自己幸福吗？"

"是的，我觉得自己很幸福。"

"你的生活很安逸吗？你所有的愿望都已经实现了吗？你从不为明天的事情发愁吗？"

"是的。你看，今天的阳光多么温暖，风儿和煦地吹着，我刚吃了饭，口也不渴，天空多么蔚蓝，还飘着几朵白云，我一个人躺在山坡上，草是这么柔软，除了你不会再有人来打搅我，这一切都让我觉得是如此的惬意和舒服，怎么还会觉得不幸福呢？"

"你真是一个幸福的人。请将你的外套借给我，让我把它献给国王，如果治好了国王的病，你将得到重赏。"

"外套？我从来没有穿过外套。"

……

每一个人都希望自己能够幸福，可目光却总是迷恋于那些不能实现或已经无法挽回的事情上，于是在他们的心里，幸福不是明日黄花，便是远方遥不可及的美景，生命也因此在他们瞻前顾后之中匆匆地过去了。或许有一天，他们会在某个瞬间猛然发现，其实这一刻的自己才是幸福的——可惜这一刻的幸福却因为漠视，只能再次凋落成他们希冀里的明日黄花。大多数的人都会犯这样的错误，总是喜爱回味或憧憬幸福，却往往忽略了幸福此刻正披着露珠散发着清香站在身旁。

其实，幸福只是日常生活中那些细小而平实的存在，就在我们的身边。它来自于对自身存在和自己生活形态的满足，来自于对自身状态的一种完全的认同。不管呈现出来的状态是什么样子，也不管别人觉得这种状态多么卑微，只要我们自己沉浸于此，我们就是幸福的，就能像那个连外套都没有穿过的樵夫一般，即便是躺在山坡上，依然自得其乐。

拿出心里的“钥匙”

有一个古老的传说，在茫茫的宇宙中有一颗闪烁着九束光芒的星球，叫九芒星。九芒星是天堂的所在，如果人类能够到达那里，就可以永远幸福快乐地生活下去，不再有烦恼和忧愁。只是要到达九芒星，需要一把钥匙，众神在创造出人类之后，就聚在一起商量应该把这把钥匙藏在哪里，既不能让人类轻易找到，又能使人类不至于长期挣扎在痛苦之中。

有的神说应该把钥匙扔进大海里，有的神说应该把它放置在雪山之巅，还有的神认为应该把它裹进太阳的肚子里……对这些意见，众神之神宙斯并不同意，因为这些地方总有一天会被人类找到的。

众神仔细想一想，确实也是，随着人类文明的进步，这些地方最终还是不够安全。那应该把钥匙放在哪里呢？众神一筹莫展。

宙斯说：“还是把钥匙放在人们的心里吧，他们总是想尽各种办法来认识外面的世界，却很少有时间去审视自己的内心。”

众神们很得意，认为这个地方人类是绝对不会去寻找的。实际上确实也是如此，人们踏遍了陆地上的每一寸土地，搜遍了天空的每一朵云彩，过滤了海洋里的每一粒水珠，可就是未曾找到去往天堂的钥匙。于是，人们惆怅痛苦，眉头紧锁，茫然无措地环顾四周，却从来没有想过低下头去察看自己的内心……

其实，每一个人头顶的星空里都有一颗九芒星，每一颗九芒星上面都建有一座快乐的天堂，每一座天堂的墙壁上都镶有一扇门，只是这扇门紧锁着，需要用九芒星的钥匙才能打开，而这把钥匙就藏在每个人的心里。因此，如果想要得到幸福和快乐，就把自己的心门打开，拿出那把钥匙。打开心门，让自己用一颗博大的心胸去容纳所遇到的磨难和挫折，拿出钥匙，为自己打开通往幸福天堂的锁。

一个人因为久久没有体会过快乐，失去了活下去的勇气，好心的上帝想要拯救这个要死的人，便派使者去人间找些快乐来。

使者想，有笑声的地方肯定有快乐。

于是他找到一位哈哈大笑的人，说：“借给我一些快乐吧。”

那人停住笑：“你以为我笑就快乐吗？其实，我是在嘲笑自己刚做的一件蠢事。我并不快乐！你应该去找皇帝，他什么都有，应该是快乐的。”

使者找到了皇帝，请求道：“陛下，发发您的慈悲，借给我一些快乐吧。”

皇帝却说道：“要说这话的人应该是我。不错，人间的东西我似乎什么也不缺——荣耀、权力、财富等等，我什么都有，可我就是没有快乐。告诉你，我这一生，还从来没有过一天快乐的日子。你若找到快乐，我情愿用皇位来换……”

使者无心再听皇帝喋喋不休下去，他失望地在街上徘徊，看见一位双目失明的残疾人，忍不住叹息道：“又是一个没有快乐的人!”

哪知残疾人抬起头来，充满快乐地说：“我有快乐。”

使者喜出望外，他想不到快乐就这样轻易地给找着了。

“快借给我一些快乐，好去救那要死的人。”使者急促地催道。

残疾人用手指着心间，说道：“快乐在我心里，你拿不走!”

使者空手而归，对上帝禀告：“上帝啊，快乐真是人间奇妙的东西——它既是奢侈品，又是廉价物，并且只活在人的心里。”

真的，很多时候就是这么奇怪，我们的内心有多快乐，世界就有多美好。

列出生命的清单

有两位病人同时住进了五官科病房，都是鼻子不舒服。在等待化验结果的时间里，甲说，如果他得的是鼻癌，就立刻去旅行，把祖国的大好河山好好游历一番。乙也同样如此表示。化验结果终于出来了，甲得的是鼻癌，乙只是鼻息肉。

甲列出了一张告别人生的计划表之后，离开了医院，乙住了下来。甲列出的计划表如下：去一趟拉萨和敦煌；从攀枝花坐船一直到长江口；到海南的三亚以椰子树为背景拍一张照片；在哈尔滨过一个冬天；从大连坐船到广西的北海；登上天安门；读完莎士比亚的所有作品；力争听一次瞎子阿炳原版的《二泉映月》；写一本书……凡此种种，总共有27条。

在这张生命清单的后面，他写下了这样一段话：我的一生有很多梦想，有些实现了，有些未能实现。现在老天留给我的时间不多了，为了在离开这个世界时心里了无遗憾，我准备用剩下的几年去实现这27个梦。

第二天，甲就辞掉了公司的所有职务，前往拉萨和敦煌。第三年，甲又以惊人的毅力和韧性通过了成人考试。在这两年多里，他到过三亚，也登上了天安门，还去了内蒙古大草原，并在一户牧民家里住了一个星期。现在，甲正在实现自己写一本书的愿望。

一天，乙在报纸上看到了一篇很具哲理的散文，是甲写的，便给甲打去电话询问他的病情。甲的精神很好，一点也不像得了大病的样子。在电话里甲对乙说："我真的无法想象，要不是这场病，我的生命该是多么糟糕。是它提醒了我，去做自己想做的事，去实现自己想要实现的梦想。现在我才体会到什么是真正的生活和人生。"

"你现在的生活也过得挺好吧!"临了，甲在电话里问。

乙没有回答。在医院时他也说要去拉萨和敦煌，可这件事早已因患的不是癌症而被抛在了脑后。

很多时候，我们并不是没有时间去实现自己的计划，反而是因为时间太充裕了，以至于让自己纠缠在一些多余的事情里，忘却了那些应该做的事。其实，每个人都患有一种不治之症，那就是死亡。我们之所以没有像那位患鼻癌的人一样，为自己的生命列出一张清单，为了实现梦想而把其他的一切都抛开，就是因为我们一直认为还有的是时间。也正是因为有这样的想法，每个人的生命便出现了本质上的不同：有的人把梦想变成了现实，有的人却把梦想带进了坟墓。

人生如"白驹过隙"，生命远没有我们所认为的那么长，且不说它有时会很脆弱，即便能安安稳稳以终老，算来也只是一眨眼的过程。如果你对自己现在的生活状况并不满意，有许多未能实现的理想，就请给自己的生命列出一份清单来，不要在年华虚度中唏嘘自己的一事无成。

不要计较小事

有一位禅师非常喜爱兰花，在平日弘法讲经之余，花费了许多时间栽种兰花。有一天，他要外出云游一段时间，临行前交代弟子要好好照顾寺里的兰花。在这期间，弟子们总是细心地照顾兰花。一天一个毛手毛脚的小徒弟在浇水时不小心将兰花架碰倒了，所有的兰花盆都跌碎了，兰花散了满地。弟子们因此非常恐慌，打算等师父回来，向师父赔罪领罚。禅师回来了，闻知此事，便召集弟子们，不但没有责怪，反而说道："我种兰花，一来是希望用来供佛，二来也是为了美化寺里环境，不是为了生气种的。"

禅师的话意在告诫弟子不要在意小事。我们经常会因为许多小事生气，其实许多事完全没有必要放在心里，太在意身边的一些琐事，有时会在无意之间丢掉幸福。

有的人对于周围的一切都极度敏感，总是曲解和夸张外来的不良信息。这种人无非是在用一种狭隘而幼稚的认知方式，为自已营造可怕的心灵监狱，自寻烦恼。看看那些生活幸福的人，也许会得到启发。

有一天，米尔养的一头牛，为了偷吃玉米而冲破附近一户农家的篱笆，最后被农夫杀死。依当地牧场的共同约定，农夫应该通知米尔并说明原因，但是农夫没有这样做。

米尔知道这件事后，非常生气，于是带着佣人一起去找农夫论理。此时，正值寒流来袭，他们走到半路，人与马车全都挂满了冰霜，人也几乎要冻僵了。好不容易抵达木屋，农夫却不在家，农夫的妻子热情地邀请他们进屋等待。米尔进屋取暖时，看见妇人十分消瘦憔悴，而且桌椅后还躲着五个孩子。

不久，农夫回来了，妻子告诉他："他们可是顶着狂风严寒来的。"米尔本想开口与农夫论理，忽然又打住了，只是伸出了手。农夫完全不知道米尔的来意，便开心地与他握手、拥抱，并热情邀请他们共进晚餐。这时，农夫满脸歉意地说："不好意思，委屈你们吃这些豆子，原本有牛肉可以吃的，但是忽然刮起了风，还没准备好。"孩子们听见有牛肉可吃，高兴得眼睛都发亮了。吃饭时，佣人一直等着米尔开口谈正事，以便处理杀牛的事，但是，米尔看起来似乎忘记了，只见他与这家人开心地有说有笑。饭后，天气仍然相当差，农夫一定要两个人住下，等转天再回去，于是米尔与佣人在那里过了一晚。第二天早上，他们吃了一顿丰富的早餐后，就告辞回去了。

在寒流中走了这么一趟，米尔对此行的目的闭口不提，在回家的路上，佣人忍不住问他："我以为，你准备去为那头牛讨个公道呢！”米尔微笑着说：“是啊，我本来是抱着这个念头的，但是，后来我又盘算了一下，决定不再追究了。你知道吗？我并没有白白失去一头牛啊！因为，我得到了一点人情味。毕竟，牛在任何时候都可以获得，然而人情味却不容易得到。”

故事中的米尔，尽管失去了一头牛，却换得农夫一家人的笑容以及难得遇见的人情味，这段经历，更让他懂得生命中哪些才是无价的。有些事会不会引来麻烦和烦恼，完全取决于自己怎么样看待和处理，所谓事在人为，结果就大相径庭。不在意小事，就是别总把一些影响心情的小事放在心里，不要去钻牛角尖，别太要面子，别小心眼，甚至动辄大喊大叫，以致因小失大，后悔莫及，不要有那么多的猜疑敏感，不要曲解别人的意思。

别因比较而迷失

有一位终日愁眉不展的年轻人，老是埋怨自己时运不济，发不了财，过不上幸福的生活。一天，他在公园里遇到了一位须发皆白的老人。老人问他："年轻人，你为什么不快乐呢？"

"我想不明白，为什么别人都那么富有，自己却总是这么穷。"

"穷？你已经很富有了！"老人由衷地说。

"你为什么会这么说？"年轻人问。

老人意味深长地笑了，反问道："如果现在斩掉你的一根手指头，给你1千元，你干不干？"

"不干。"年轻人很意外。

"如果斩掉你一只手，给你1万元，你干不干？"

"不干。"

"如果把你双眼都弄瞎，给你10万元，你干不干？"

"不干。"

“如果给你100万，让你马上变成一个80岁的老人，你干不干？”

“不干。”

“如果让你马上死掉，给你1000万，你干不干？”

“当然不干了，都死了，要钱还有什么用！”

“这就对了，你已经拥有了超过1000万的财富，为什么还哀叹自己贫穷呢？”老人笑吟吟地问道。

青年愕然无言，突然明白了很多。

很多时候，我们之所以会感觉到痛苦，并不是因为我们缺少幸福，而是因为没有发现自身的价值。我们总是在和别人比较，然后发现自己的境地是多么不如意，却从来没想过之所以会如此，是因为我们总是拿自己的短处和别人的长处进行比较。故事中的年轻人因自己没钱而苦恼，可是在一位须发皆白的老人的眼里，他却是最富有的，因为他拥有美好的青春。

要相信，我们现在就拥有着足以让别人羡慕的幸福资本，或许在别的方面我们不如别人，但这并不妨碍我们感受幸福，因为我们也有着别人所没有的长处。只有拥有了这样的一种心态，我们才能更好地生活，更深地体会到生活的真正含义。

有一位美国老师在给自己的学生上课时，讲述了这样一件令其终生难忘的事情。

“我曾是个多虑的人，”他说道，“但是，1934年的春天，我走过韦布城的西多提街道，有个景象扫除了我所有的忧虑。事情的发生只有十几秒钟，但就在那一刹那，我对生命意义的了解，比在前十年中所学到的还多。那两年，我在韦布城开了家杂货店，由于经营不善，不仅花掉了所有的积蓄，还负债累累，估计得花7年的时间偿还。我刚在星期六结束营业，准备到‘商矿银行’贷款，好到堪萨斯城找一份工作。我像一只斗败的公鸡，没有了信心和斗志。突然间，有个人从街的另一头过来。那人没有双腿，坐在一块安装着溜冰鞋滑轮的小木板上，两手各用木棍撑着向前行进。他横穿过马路，微微提起小木板准备登上路边的人行道。就在那几秒钟，我们的视线相遇了，只见他坦然一笑，很有精神地向我说：‘早安，先生，今天天气真好啊!’我望着他，突然体会到自己何等的富有。我有双足，可以行走，为什么却如此自哀自怜？这个人缺了双腿仍能快乐自信，我这个四肢健全的人还有什么不能的？我挺了挺胸膛，本来准备到‘商矿银行’只借100元，现在却决定借200元；本来我到堪萨斯城想找份工作，现在却有信心地宣称：我到堪萨斯城去做一份工作。结果，我不但借到了钱，也找到了工作。”

“现在，我把下面一段话写在洗手间的镜面上，每天早上刮胡子的时候都念它一遍：我闷闷不乐，因为我少了一双鞋，直到我在街上，见到有人缺了两条腿。”

别为做过的事后悔

一个猎人在一次打猎的过程中，捕获了一只神奇的鸟，能说五十多种语言。猎人很高兴，决定把它带到集市上卖掉，价格一定不菲。

“放了我吧，”这只鸟哀求道，“只要你放了我，我将给你三条很有用的忠告。”

“先告诉我，”猎人回答道，“我发誓一定会放了你。”

“第一条忠告是，”鸟说道，“做事之后不要后悔；第二条忠告是，有人告诉你一件事，如果你自己认为这件事是不可能发生的，就千万不要相信；第三条忠告是，当你爬不上去时，别强迫自己去爬。”

说完之后，鸟对猎人说：“现在你该把我放走了吧。”猎人遵守自己的诺言，松开手把它放了。

这只鸟在空中来回盘旋了几圈，然后落在了一棵大树上，冲着猎人大骂道：“你真是个蠢货。你见过一只能说五十多种语言的鸟吗？我为什么这么聪明，就是因为嘴中有一颗价值连城的大珍珠。现在你把我放了，就永远别想得到珍珠了。”

猎人闻言很是沮丧，决心再把这只鸟捕住。他飞快地跑到树跟前，沿着树干往上爬。可是这棵树太高了，当他只爬到一半时就再也没力气了，正当他准备下去，一脚踩空便掉了下去，摔断了双腿。

鸟飞到猎人头顶的树枝上，嘲笑他并向他喊道：“笨蛋!我刚才告诉你的忠告你怎么一丁点都没记住。我告诉你做事之后不要后悔，而你却后悔放了我；我告诉你如果有人对你讲了一件你认为不可能存在的事，就别相信，而你居然相信像我这样一只小鸟的嘴中会有一颗很大的珍珠；我告诉你如果爬不上去，就别强迫自己去爬，而你却追赶我并试图爬上这棵大树，结果掉下去摔断了双腿。”

说完，鸟无比惋惜地看了猎人一眼，飞走了。

人们总是在为各种各样的事而感到后悔，也总是有着各种各样令他们感到后悔的事：

小时候，考试成绩不理想或跟别的孩子打着玩把文具弄丢了，回家后却没有勇气向家长承认错误，找别的借口应付过去，以至于事后心里常常觉得忐忑不安。

青年时，面对难以就业的现状，开始后悔当初为什么不努力读书，以至于现在都无法在社会上立足。

人到中年，由于对什么工作都过于犹豫，结果一事无成，开始埋怨自己当初怎么就没有好好把握机会。

人老了，本来是应该好好享受的年纪，谁知道后悔的事更多了。后悔年轻时努力不够，以至于一辈子都没什么成就；后悔父母在世的时候没有好好尽一份孝心，让父母带着孤独感离去；后悔当初轻易就放弃了自己最喜欢的女孩，结果让她成了别人的新娘；后悔子女小的时候没有好好教育，以致他们现在连一份好工作都没有……

记不起在哪本书中看到过这样的一句话：遗憾也是一种美，历经圆满后，慢慢咀嚼残缺的滋味。在人的一生当中，免不了总会有一些未能达成的心愿和没有做到的事情，可这难道就是我们萌生懊悔的理由吗？既然那些美好的事情带给我们的都是甜蜜，那些遗憾的事情带来的难道就只有苦涩？事事岂能尽如人意。让我们换一种心态去面对，毕竟这也是生命的一部分，已经随着时间深烙在我们的记忆中，坎坷也好，泥泞也罢。

不为做过的事后悔，只因为即便是错也已经无可挽回，只因为我们只有这一次的生命。其实，在每个人的一生当中，遗憾也是一种别样的美丽，一如断臂的维纳斯。

让自己洒脱些

有的人处理问题时总是小心翼翼，瞻前顾后、犹豫不决，结果一生都被这些琐事纠缠着脱不开身，矛盾给予的痛苦也总是如影随形地跟着他们。与其这样痛苦地活着倒不如潇洒一点。对于过去，不必耿耿于怀，结局无论好坏都已成往事，且把它看作过眼云烟，新的生活才是最需要把握和接纳的。如果做不到这一点，就只能像个在流水线上精力不足的员工一样，依次感受着每一件产品在面前快速滑过而自己又跟不上它运行速度的痛苦，这样经久的痛苦远超过放弃的痛苦。

“矢志不渝”的态度是正确的，这一点值得称赞，但假如这条路根本没有坚持的必要，又何必让自己空等一个毫无意义的结果？就算自己等到了，还会幸福吗？况且你还应该知道，放不下这一处的风景，就会失去更多的风景，从而错失更多拥有幸福的机会。在某种情况下，只有学会放弃，学会及时调整自己，才能体会到快乐。

蒲松龄曾4次科考落第。当他认清官场黑暗，科考无门时便放弃了“科考”这条路，而选择了著书立说，他立志要写一部“孤愤之书”。为了自勉，他在压纸的铜尺上镌刻了一副对联，上书：

有志者，事竟成，破釜沉舟，百二秦关终属楚；

苦心人，天不负，卧薪尝胆，三千越甲可吞吴。

蒲松龄以此自警自勉，终于写成了一部文学巨著——《聊斋志异》，自己也成了万古流芳的文学家。他虽然科考落第，与仕途无缘，却找到了成就自己的另一种途径。如果他一味坚持而不知变通，文学史上便少了一个伟大的文学家。正应了那句古话：塞翁失马，焉知非福。只有学会调整自己而不是盲目地坚持，才能取得成功。

由此可见，人应该有一点决断的勇气，选择该选择的，放弃该放弃的，否则，可能一事无成。法国哲学家、思想家蒙田曾经说过，“今天的放弃，正是为了明天的得到。”为什么有的人活得轻松，有的人却活得沉重？前者是拿得起、放得下，而后者是拿得起、放不下。生活有时会逼迫你，不得不交出权力，不得不放走机遇，甚至不得不抛弃爱情。但是，如果一次放弃可以换回更好的结果，为何不学会放弃，活得更加潇洒？放下时所承受的痛苦也许撕心裂肺，但是，这样做可以让你解脱，从而更加顺利地从困境中走出。人生，总是有得有失。你不懂得这个道理，就会给心灵增添无尽的负担。

现实的残酷性永远不会给我们机会。没有拿得起放得下的勇气，就不要奢望得到想要的东西。

苦苦地挽留夕阳，生命会黯淡无光；久久地感伤春光，生命会失去很多色彩。什么也不愿放弃的人，常会失去更珍贵的东西。做人要潇洒一点，学会取舍，学会放弃，学会将心灵上的绳索一刀斩断，这样，才能体会到幸福。

一些简单的道理

对于成功，相当大的一部分人都觉得它莫测高深，是常人所无法企及的。这是一个错误的观点，也正是因为这样的一个错误观点，致使这些人很难获得成功。正如美国著名科学家马尔比巴布科克所阐述的那样，我们总是在犯“最常见同时也是代价最昂贵的一个错误，就是认为成功有赖于某种天才、某种魔力、某种我们不具备的东西。” 其实，成功并非如我们想象中那么复杂，更多的时候它只是一件件简单事情的完成。

有一个人去一家公司求职，随手将过道上的一张废纸捡起来，放进了垃圾桶。他的举动恰好被路过的面试官看到，于是他得到了这份工作。

原来要想获得他人的赏识如此简单，只要养成好的习惯就可以了。

有个少年在修理厂当学徒，一天，有人送来一部有故障的脚踏车，少年不但修好了车，还很仔细地把车子擦拭了一遍。为此，其他学徒都笑话他多此一举，可是就在雇主将脚踏车取回的第二天，这个少年就去那位雇主的公司上班了。

原来要想出人头地也很简单，只要在本职工作做好后多干点就可以了。

有个农场主每天都让自己的儿子在田地里辛勤地劳作，朋友劝他说："你不需要让孩子如此辛苦，农作物一样会长得很好的。"牧场主回答说："我不是在培养农作物，我是在培养我的孩子。"

原来让一个人得到良好的教育会这样简单，只要让他多吃点苦头就可以了。

一个孩子对母亲说："妈妈，你今天真漂亮。"母亲问为什么？孩子回答："因为你今天一天都没有生气。"

原来要想拥有亲和力能够这么简单，只要不生气就可以了。

有一家商店的灯光天天都很明亮，有顾客问："你们店里用的灯管是什么牌子？那么耐用。"店主回答说："其实我们店里的灯管也时常坏，不过我们坏了就会换新的。"

原来让房间持续明亮的方法很简单，只要常常更换灯管就可以了。

住在稻田里的青蛙对住在路旁的青蛙说："你住的地方太危险了，快搬来跟我一起住吧！"住在路旁的青蛙说："这样的生活我已经习惯了，懒得搬。"几天之后，路旁的青蛙被一辆疾驰而来的车子轧死了。

原来要想掌握住自己的命运，方法也很简单，只要远离懒惰就可以了。

一只小鸡刚顶破蛋壳准备走出来的时候，恰巧看到一只蜗牛背着沉重的壳经过，从此以后，小鸡一辈子都背着那个蛋壳。

原来要想摆脱身上背负着的沉重包袱其实也很简单，只要放弃固有的成见就可以了。

几个小孩很想当天使，为了满足他们的愿望，上帝给了他们每人一个烛台，并要求他们每天都要擦拭烛台。一天过去了，两天过去了……上帝一直没有来。有些小孩不再擦拭自己的烛台了。有一天，上帝突然造访，结果只有一个烛台被擦拭得干干净净，于是擦拭烛台的那个孩子成了天使。

原来要想实现自己的愿望会如此简单，只要坚持做自己该做的事情就可以了。

有一支淘金队伍在沙漠中行走，大家都步伐沉重，痛苦不堪，只有一个人快乐地走着，别人问："你为何如此惬意？"他笑道："因为我带的东西最少。"

原来快乐起来的理由很简单，只要你背负的东西少一点就可以了。

第三章

绚丽的爱情

什么是爱情

在一个动荡的年代里，一个男孩对一个女孩说："如果将来我只有一个馒头，我会把一半给母亲，另一半给你。"于是女孩爱上了这个男孩，就因为这句话。

时光如梭，转眼两人都到了谈婚论嫁的年龄。偏偏那一年赶上发大水，男孩奋不顾身地投入到抢救活动中，他忙着去救别人，却唯独没有去救女孩。事后，有人问他为什么，男孩说："正因为爱她，我才会去救别人。如果她死了我也不会独自活在这个世界上。"女孩听到后毫不犹豫地嫁给了男孩。这一年女孩20岁，男孩22岁。

闹饥荒的年月，家里常常揭不开锅，可男孩总是在女孩吃饱后才把剩下的一口气吃掉，他一直在履行自己当初的诺言。一次，只有一碗粥时，两个人谁都不舍得吃，都想让对方吃下去，结果一碗粥一直放得发了霉。那时女人40岁，男人42岁。

时间一晃而过，他们都已年过半百，可惜命运多舛，在他

52岁那年，因家庭成分不好被挂上牌子在大街上批斗，也已50岁的她心甘情愿地陪着他。她告诉他，无论如何，她都不会离他而去。

许多年过去了，他们成了七十多岁的老人。他们常常手挽着手，行走在熙熙攘攘的街头巷尾。他拉着她的手过马路，她脸带着笑容颤巍巍地跟着他走。直到生命的最后一秒，他都不曾离开过她一步，他对她说，如果她去了天堂，他也会在不久的一天与她重逢……

什么是爱情？很久以来，我们一直寻找着爱情，也在为别人的故事感动抑或悲伤，心里也总是向往自己能拥有一份几近完美的感动，但往往到死都不明白什么是真正的爱情。

什么是爱情？爱情应当包含在付出与给予之中。在至爱至亲的道路上，不管遇到怎样的情形，相互勉励与祝福，共同承受生活中的痛苦与磨难、幸福与快乐，不离不弃，一生一世。爱就是付出，就是给予。

什么是爱情？这个古往今来为多少人所困惑、所向往、所感动、所痛苦的词语，真要给它下个准确的定义并不是那么容易，这也许就是为什么有那么多人一生都不懂爱的缘故，也许就是为什么有那么多人一生都为爱所困、为爱所苦的理由。

不是为了生气才相爱

每天上下班，我都要搭乘同一辆公交车，因为几乎是从始点坐到终点，一般都能找到座位。车上有时人多，有时人少。大多的时候，我会一边望着窗外不断涌现过来的景物，一边打量着这些上上下下的人们。

有一天，车上人很多，一对青年男女站在了我的身边。开始我并没在意，不久两人的交谈把我的注意力吸引了过去。

可能因为人多，男孩一直用手臂环抱着女孩的腰，并轻声问道："很累了吧？"

女孩轻微地点了点头，一副愁眉苦脸的样子。

"待会儿回去想吃什么？"

女孩显得很不耐烦，说："这一天过得已经够烦的了，你还用吃什么来烦我，每天都要问，就不能你自己决定，让我安静会儿！"

男孩闻言之后显得有些失落，一脸无辜地低下头，嗫嚅着说道："让你决定不是怕那些饭菜不合你的口味嘛，我知道你工作一天会很烦，要是吃上一顿可口的饭菜，不就可以把今天的不愉快统统忘掉了吗？我能力有限，你工作中所受的委屈我没法帮你，我所能做的也只有这样。"

女孩听后，满怀愧疚地说了声对不起，并抬头冲着男孩微微一笑。男孩一扫脸上的失落感，把女孩拥得更紧了些，说："没关系，怎么会生你的气呢，我们也不是为了生气才在一起的。"

说罢，男孩亲吻了一下女孩的头发，脸上漾起快慰的笑意。

公交车到站，男孩牵着女孩的手走下了车，然后很亲密地一路交谈着，消失在远处的人群里。坐在车上的我，忽然被一种长久未有过的情绪感动了。

忽然想起了张爱玲书中写到的那句话：于千万人之中遇到你所要遇到的人，于千万年之中，时间的无涯的荒草里，没有早一步也没有晚一步，恰巧赶上了。

爱情是一次美丽的邂逅，邂逅是一种美丽的缘分。人世间，人与人能够相遇、相恋是很不容易的，能够在茫茫人海中找到自己心目中的那个人，的确是一件可遇而不可求的事情，而两个一起生活的人，又难免会碰到一些小小的不愉快。每个人都知道要好好珍惜已经拥有的这份爱情，可是又该如何去珍惜呢？台湾作家林清玄曾这样说："缘是天意，分在人为。"当彼此难免有些小摩擦的时候，我们应该心平气和地对待对方，用自己对对方的爱和诚意来化解，而不要因一时的生气就粗鲁对待对方。请记住：我们并不是为了生气才相遇的，也并不是为了生气才在一起的。

把失落感留给自己

有一对热恋中的男女，每次通话时，女孩总要和男孩在电话里缠缠绵绵许久，末了，女孩也总是在男孩的柔声细语中极不情愿地说一声“再见”，然后先挂掉电话。女孩从来不知道，每次挂掉电话之后，男孩都会手握着话筒慢慢感受着空气中剩余的温馨，还有那份难舍难分的淡淡情愁……

后来，不知道什么原因，两人分手了。有一段时间，女孩尽管很难过，但不久还是有了一个新的男友。他有着一张帅气的脸庞，性格也很豪爽。女孩感到很满足，也很幸福，经常得意地把他介绍给自己的朋友认识。可是过了没多久，她明显感觉到两人之间好像缺少了些什么，这种莫名的感觉让她有一种淡淡的失落感。

可是缺少的到底是什么呢？她也说不清楚。两人在电话里还是缠缠绵绵很久，只是每当通话结束时，女孩总感觉自己的“再见”还没有说出一半，那边就“叭”的一声挂线了。这个时候，女孩总感觉那刺耳的声音仿佛在空气中凝结成一个锋利的冰锥，刺破了自己的耳膜。她觉得新男友如同一只放飞在天空里的风筝，无论多努力，自己那双无力的手总是不能稳稳地牵住那根联系他们之间的线。

终于有一天，女孩实在无法忍受了，和新男友大吵了一架。之后，他很不耐烦地转身走了，没有回头。女孩原以为自己会很伤心，可不知道为什么却找不到那种痛哭一场的理由，心里反而有一种解脱的感觉。

渐渐地，女孩又想起了最初的那个男孩，心中不由涌起一分思念：不知道那个能耐心听完她说“再见”的男孩现在怎么样了？这分思念不自禁地让她拿起电话。

电话那端传来了男孩的声音，依旧质朴，波澜不惊。一时间，女孩竟有些无语凝噎。

男孩听出了她的声音，显得有些激动。

女孩忘了自己都说了些什么，只记得男孩一直关切地询问着，这让她很受不了，慌忙中说了一声“再见”，便准备挂掉。可就在这时，女孩忽然停住了，轻轻地把话筒放回自己的耳边，静静地聆听着电话那端的沉寂。

不知过了多久，男孩的声音又在话筒里响了起来：“你怎么还不挂电话？”

女孩明显感觉到自己的嗓音有些发涩，“为什么一定要我先挂电话？”

“习惯了。”男孩平静地说，“只有听着你挂了电话，我才会放心。”

女孩哽咽着，问：“每次都是这样？”

男孩在电话那端傻傻地笑，没有回答。

女孩终于再也抑制不住眼眶里的泪水。

在两个人的爱情里面，对方最初吸引你眼球的，或许是俊朗的外表、优雅的谈吐，可是随着交往的加深，最终还是要回归到内心感受上面。热恋中的男女，在互诉情话的时候，最后挂线的人心里总会有些遗憾和失落感，而一个连你最后一句话也没有耐心听完的人，又如何能伴你走完这一生呢？

这九扇门别都推开

曾看到过这样一个故事：

一位未婚的男士走进了一家婚姻介绍所，刚走到大门口，迎面看到了两扇门，一扇门上面写着：美丽的，另一扇门上面写着：不美丽的。他会心地一笑，随手推开了那扇上面写着“美丽的”门。走进去，一抬头又看到两扇门：一扇门上写着年轻的，另一扇门上写着不年轻的。他毫不犹豫地推开了那扇写着“年轻的”门。迎面又看到两扇门：温柔的和不太温柔的，他推开了“温柔的”门，随后又看到“有钱的”和“不太有钱的”两扇门……

就这样，他先后推开了美丽的、年轻的、温柔的、有钱的、忠诚的、勤劳的、文化程度高的、身体健康的、有幽默感的九扇门。等他推开“有幽默感的”这扇门之后，迎面见到的只是一扇门，门上并没有任何字迹。他带着疑惑推开了这扇门，发现外面是一条熙熙攘攘的街道，自己已经来到了婚介所的出口。

一个想要得到完美另一半的男士，最后却只能一无所获，连婚姻介绍所也帮不了他的忙，想起来多少有些讽刺。现实的生活中，并不乏这样的人，他们总是用自己心目中的那个形象来比较遇到的人，一遍又一遍，失望也因此一次连着一次，可最后的结果是，这样做不但错过了最适合自己的那个人，也错过了自己的大好年华，最终不是随便找个什么人嫁出去，就是暗自垂泪抱怨上天对自己的不公。

有一个女孩，原先有一个男朋友，两个人交往了半年多的时间，最后分手了。原因是这个男孩有些懒散，做任何事情都没有计划，以至于工作了三四年也不见有任何起色。虽然女孩和他在一起总会很开心，觉得再轻松不过了，两个人也总是有着说不完的话题，可每当静下心来的时候，女孩还是为自己的将来感到担心。在经过认真考虑之后，女孩决定放弃这份感情，然后找一个事业心强些的男孩。

第二个男朋友在一家大公司里任业务主管，有着很强的事业心，每天都在忙着工作。开始的时候，女孩还在为自己的选择感到高兴，自己也努力对他给予支持。可时间一长，女孩又为自己鸣不平了，因为第二个男朋友对她总是不够温柔体贴，在一起的时候他也总是一副公事公办的样子，还不太懂得照顾她的心情，有时候本来她就是使使小性子，最后却总要大吵大闹一番才能收场。

或许，在爱情的道路上，没有哪一个人是上天专门为自己安排的，总会有这样那样的缺点，其实反观自己，或多或少不是也有些缺点吗？世界上的任何事物本来就没有完美无缺的。鲈鱼鲜美，偏偏多刺；海棠娇艳，却无香味。其实，最重要的是我们的选择，喜欢吃鲈鱼，就不要怕被刺扎到；喜欢欣赏海棠的娇艳，就不要嗅它是不是有香味。就像那个未婚的男士，不要把九扇门都推开，这样只能是一无所获。

且啜一杯苦咖啡

并非所有的爱情只有长相厮守才会天长地久，就像不是所有的植物都是在经历了开花结果之后，才走进寒冷。

他习惯在喝咖啡的时候不放一粒糖，他习惯慢慢啜饮着里面的苦味，他习惯在唇齿间的苦味里回想着她。这个习惯伴他走完了一生。

他和她可谓是青梅竹马，从小一块儿长大，情投意合，走到哪里都被人看成是天造地设的一对儿，两人心里也一直这么认为。他们经常坐在公园里的长椅上畅想着未来，有时都有些急不可待地想跑到未来去一窥究竟。

就在他们快要谈婚论嫁的时候，忽然有一天，她告诉他说不再爱他了，她爱上了一个富翁，并且过几天就要嫁给他，然后跟着他到另一个城市去生活。好像再纯真的爱情最后还是要输给金钱，当澎湃如海啸般的激情汹涌而过，人又回归到现实的生活之后，决定爱情最终方向的并不是爱情本身。就在那一刹那，他仿佛清楚了爱情的本来面目。

对于她的决定，他一言未发，只是默默地注视着她离去的身影。这件事对他的打击很大，他曾经那么相信她，那么相信两人的爱情，可现在一切都变得他好像不认识了，他决心离开这个自己熟悉的小镇，去另一个城市打拼出一番天地来。

20年过去了，在历经千辛万苦之后，他终于赢得了属于自己的财富。他穿着笔挺的西装进出于各种高级场所，和人说话时总是一副颐指气使的样子，可面对那些谄笑着投怀送抱的女人，他总是深恶痛绝，总是会不经意想起那个为了金钱而抛弃他的她。一直以来，在他的心里都有一条无法愈合的伤疤，脑海里总是不断浮现出她对他的绝情，伤害虽然已经不像往日般痛彻心扉，可还是令他念念不忘。

终于有一天，他决定前去找她，向她展示自己现在拥有的成就，看着她在悔恨的泪水中忏悔自己当初的错误决定……可是就在驱车前往小镇的路上，他忽然发现，其实自己更想看到的，是她现在的生活。此时他才猛然醒悟，在内心深处她一直是自己的唯一，尽管她曾经那么绝情地伤害了自己，可这恨不也是因为爱才有的吗？对她的爱连同对她的恨，都一样让他刻骨铭心。

他沿着记忆中的道路来到了她父母家的门前，门上着锁，不远处有一对老人相互搀扶着向前走，看背影依稀是她的父母。两个老人穿过热闹的街头，来到了郊外的一片墓地，俯身在一座墓前放下了手里的鲜花。他慢慢走上前去，不由得惊呆了：墓碑上赫然镶嵌着她那灿烂的笑容，一如20年前的纯洁。多年以来交织在他心里的爱恨和想念，顿时成为一阵撕心裂肺的剧痛，他摇摇晃晃地走上前去，跌坐在墓碑旁，泪如泉涌。

好长一段时间，两位老人上前劝慰他，并且告诉他，她并不是为了嫁给一个富翁才离开他的，而是因为那时她已经得了不治之症。她不想让他知道事情的真相，那样他会为她的离去而伤心难过一辈子，她宁愿让他带着对自己的恨，去好好地生活。

他像是一尊雕塑，一动不动地凝望着墓碑上她的照片，听着两位老人泣不成声的述说。

总有美丽的遗憾

这是一则童话，却并非是写给孩子们看的。

窗外的阳光暖暖地照在女孩躺着的病床前，光线从西边挪移到了东边，男孩坐在旁边的椅子上，用红肿的眼睛无比爱怜地凝视着女孩。他们是一对恋人，女孩几天前在一次车祸中受伤，生命垂危，被送到医院后就一直昏迷不醒。男孩没日没夜地守候在女孩身旁，生怕自己一旦离开，这辈子就再也见不到她了。男孩急切地期盼着自己的恋人能清醒过来，同时也在心里祈祷着：上帝，请让她快点醒来吧，只要能让她醒来，什么代价我都可以付出。

半个多月过去了，女孩仍旧静静地躺在病床上，守在身旁的男孩早已憔悴不堪，但他还是苦苦地支撑着，从没有离开过女孩。

一天夜里，男孩离开女孩的床前，跑到了教堂里去向上帝祷告。上帝被男孩的痴情打动了，决定给他一个机会。于是对他说："我可以让你的恋人醒来，但要用你的生命作为交换，你愿意吗？"

男孩闻言，马上面露喜色，说："我愿意！"

上帝说："那好吧，我可以让你的恋人很快醒过来，但你要答应化作三年的燕子，你愿意吗？"

男孩听了毫不犹豫地答应道："我愿意。"

天亮了，男孩变成了一只燕子，他匆匆地告别了上帝便向医院飞去。当他来到女孩病房的窗外时，女孩真的醒了，而且她还在跟身旁的一位医生交谈着什么，可惜他听不到。

几个月之后，女孩终于康复出院了，她却并没有因此显得很快乐。她四处向周围的人打听男孩的下落，可是没有一个人能告诉她，男孩究竟去了哪里。女孩整天不停地寻找着。可惜她一直没有注意到，有一只燕子时时刻刻围绕在她的身边，它就是她正在寻找的男孩，只是他已经不能像过去一样轻声地跟她说话，不能拥她在怀里，他每分每秒都在默默地承受着她的视而不见。夏天很快就过去了，风中带着些微微的凉意，树叶也一片片地飘落下来。燕子不得不离开这里。

漫长的冬天终于过去了，春天来了，燕子迫不及待地飞回来寻找自己的恋人。然而，就在看到她的一刹那，才发现有一个高大而英俊的男人轻挽着她，伤心欲绝的燕子跌落到地面上，差一点被来往的行人踩死。每个人都在讲述着女孩和那个医生的故事，还有人咒骂那个弃女孩而去的负心人，当然人们讲述更多的，是女孩已经如从前一样快乐了。燕子伤心极了，在接下来的几天中，他常常会看到那个男人带着自己的恋人在海边看日出，晚上又在海边看日落，而他自己除了偶尔能停落在她的肩上以外，什么也做不了。这一年的夏天特别长，燕子每天痛苦地低飞着，他已经没有勇气接近自己昔日的恋人。她和那男人之间的喃喃细语，他和她快乐的笑声，每每令他感到窒息。

第三年的夏天，燕子已不再常常去看望自己的恋人了。女孩的肩被男医生轻拥着，脸被男医生轻吻着，她根本不会去留意他，一只伤心的燕子。三年期限到了，也就是在这一天，女孩和那个男医生甜蜜地走进了结婚的礼堂。燕子悄悄地飞进教堂，落在上帝的肩膀上，他听到下面的恋人对上帝发誓说：我愿意。一如当年他答应上帝的一样。燕子流下了伤心的泪水。

上帝长叹一声，问他："你后悔了吗？"

燕子擦干了眼泪，回答："没有！"

上帝带着一丝愉悦对他说："那么，明天你就可以变回你自己了。"

燕子摇了摇头："就让我做一辈子燕子吧……"

在爱情里面，总会有一些美丽的遗憾。

得不到和已失去

千年古刹雷音寺的横梁上结了一张蜘蛛网，上面的蜘蛛白天受着香火的熏陶和虔诚的祭拜，夜里听着住持方丈咏诵经文，不觉得了灵性，于是便也想到红尘之中去历练一番。

一日，住持方丈步出禅房，不经意间一抬头，看到了横梁上的那只蜘蛛。蜘蛛很高兴，把自己的想法告诉了方丈。方丈闻言低诵一声佛号，问道："既然你想投胎做人，可知道人世间最珍贵的是什么吗？"

蜘蛛很认真地想了想，回答道："人世间最珍贵的应该是'得不到'和'已失去'。"住持微笑着点了点头，走开了。

10年的时间很快就过去了，蜘蛛依旧在雷音寺的横梁上，它的灵性也有了很大的增长。

一日清晨，住持又来到蜘蛛面前，问道："10年前的问题，你现在可有了什么更深刻的认识吗？"

蜘蛛说："我还是觉得，人世间最珍贵的就是'得不到'和

‘已失去’。”

住持说：“我再给你10年的时间让你领悟，到时我会再来找你的。”

又10年过去了。一日，院子里刮起了一阵大风，一滴露珠被风吹到了蜘蛛网上。晶莹的露珠让蜘蛛很开心，觉得自己从未像今天这样开心过。突然，又刮来了一阵大风，把露珠从蛛网上吹走了。蜘蛛一下子变得很失落，感觉像缺少了什么。这时住持走了过来，问道：“蜘蛛，这10年来你可曾好好想过这个问题：人世间最珍贵的是什么？”蜘蛛不由得想起了那滴被风吹到蛛网上的露珠，便对住持说：“人世间最珍贵的是‘得不到’和‘已失去’。”

住持说：“好吧，既然你坚持已见，我就让你到人世间去走一遭吧。”

蜘蛛投胎到了一个官宦人家，成了一位富家小姐。父母对她很是疼爱，取名叫珠儿。一转眼，珠儿到了16岁了，出落成了一个婀娜多姿的少女。

一日，新科状元甘鹿夸官游街，许多妙龄少女都争相赶来一睹新状元的风采，珠儿也来了，她在人群中一眼就认出了甘鹿，他就是16年前被风吹到自己网上的那滴露珠。珠儿很高兴，知道他就是上天赐给自己的姻缘。

说来也巧，一日，珠儿陪同母亲到雷音寺上香拜佛时，正好就遇到了甘鹿，他也是陪同母亲来上香拜佛的。上完香，二位老妇人在一边说上了话，珠儿和甘鹿便来到走廊上聊天。珠儿心里一直不停地跳，脸颊绯红，不时偷眼看甘鹿。甘鹿却并没有表现出对她的喜爱来。

“你难道忘记了16年前雷音寺蜘蛛网上的事了吗？” 珠儿问甘鹿。

甘鹿闻言显得很诧异，说：“你很漂亮，也很讨人喜欢，但是，你的想象力未免太丰富了一点吧。”

说罢，甘鹿就和母亲一起离开了。

回到家之后，珠儿的心里无论如何也不能释然，心想：既然是上天为自己安排了这场姻缘，可为什么不让甘鹿记得那件事呢？

几天后，皇帝颁下了诏书，命新科状元甘鹿和自己的小女儿长风公主完婚，却把珠儿许配给了太子芝草。这消息如同晴空霹雳，珠儿怎么也不敢相信，上天居然用这样的方式对待她。在接下来的好几天里，她都不吃不喝。就在她的生命危在旦夕之时，得到消息的太子芝草赶来了，扑倒在床边，对珠儿说：“我对你一见钟情，我苦求父皇，他才答应，如果你死了，那么我也就不活了。”

说着，他抽出随身佩带的宝剑，准备自刎。

就在这时，住持方丈从门外走了进来，夺过太子手中的宝剑，对奄奄一息的珠儿说：“蜘蛛，你可曾想过露珠是由谁带到你网上的吗？是风带来的，所以它注定会被风带走，甘鹿是属于长风公主的。他只是你生命中的一段插曲。太子芝草是当年雷音寺门前的一棵小草，他注视了你多少年，也就爱慕了你多少年，只是你从没有注意到它。蜘蛛，我再来问你：人世间最珍贵的是什么？”

蜘蛛闻得知真相之后，好像一下子大彻大悟了，她对住持方丈说：“世间最珍贵的不是‘得不到’和‘已失去’，而是现在能把握的幸福。”

我们总是念念不忘那些没能得到的东西，总觉得是那么美好，自己却没能拥有；我们也总是耿耿于怀那些已经失去的东西，心里悔恨自己当初怎么就那么不小心。仿佛人生中一切美好的，都包含于“得不到”和“已失去”里面，却从来没想过，自己现在拥有的，如果不加以珍惜，有一天也可能成为已失去的东西，将再也不能重新得到。

珍惜你现在还能把握的幸福吧，趁它还在你的手里，趁你还能把它握得紧紧的时候。

有多少爱可以重来

她是一个漂亮的女人，能力强口才又好，终于从一个默默无闻的播音员成了一家电视台的当红主持人。她的丈夫却很普通，是那种钻进人群里就再也找不到的主，每天骑一辆自行车上下班。

结婚三四年了，她越来越大红大紫，丈夫仍旧是从前的样子。

她的心里渐渐有些不平衡了。丈夫实在是太普通，不能给她大大的房子、名牌的时装和豪华的轿车，尤其是当两人一起出去时，别人看到之后的那种眼神，更让她受不了。慢慢地，她的应酬越来越多，回家的时间也越来越晚。终于有一天，一个男人出现在她面前，满足了她丈夫不能满足她的所有愿望。她开始和这个男人同居在一起，经常夜不归家。

丈夫并没有为此跟她吵闹，还是像刚结婚一样，每当一个人在家的时候，就会剥莲子，然后把莲子里小小的心抽出来，煮成茶给她喝。丈夫知道，她是靠嗓子工作的。因为她时常不回家，茶几上细细长长的莲子心已经一大包了。

有一次她回家拿东西，屋子里没有开灯，丈夫坐在黑暗中的沙发上。她把灯打开，看见他正在剥莲子。她的内心软软一动，喉咙有些干涩，说："你给我煮一杯莲子茶吧。"

他显得很高兴，赶紧站起身来，忙着为她去煮。望着缭绕的白烟和丈夫的侧脸，她的眼睛潮湿了。她并没有等丈夫煮好茶就走了。正在下楼梯的时候，丈夫追了上来。她停下来，丈夫递给她一包东西，是他剥好的莲子心，他说："别忘了多喝，这样对你的嗓子才有作用。"

她发现自己的眼泪快有些不听话了，于是低下头，毅然地转身，离开了。

那天晚上，只有她一个人待在空荡荡的大房子里，那个男人说是有应酬，没有回来。就在这时，她才第一次体会到丈夫这么多年来对自己的爱。她拿出那包剥好的莲子心，用滚烫的水沏了一杯。

第一口，苦而涩。

第二口，苦味之中有一丝淡淡的清香萦绕在唇齿之间。

第三口，已然入胃，苦涩过后的那种甘甜，搅得她隐隐作痛。她想起了丈夫修长的手指，九个手指的指甲都修剪得干干净净，只有左手大拇指却留着很长的指甲。她知道，那是他用来剥莲子心的，可当初她还因此说他不像个男人。

她伏在桌子上哭得泣不成声。她开始为自己的行为懊悔，觉得自己对不起丈夫，为了得到一份虚荣的奢华生活，不顾及情面地背叛他、伤害他，最终自己也并没因此而幸福。

那些细长的莲子心在沸水中上下翻腾，干干的小条慢慢舒展开来，变成碧绿色的。一时间她仿佛明白，平淡才是生活和婚姻的主旋律，就像这杯莲子茶，苦涩之中孕育出绵长的幽香。

几天之后，她向丈夫提出了离婚的要求。她知道自己已经无颜再面对丈夫的那份爱，那份莲子茶一样历久才甘甜的爱，尽管她还知道，丈夫仍旧是爱她的。离婚之后，她毫不犹豫地离开了那个男人，独自过着生活。这些她并没有告诉丈夫。

她时常自己剥一些莲子心来泡茶，时常在缭绕的烟气里想起以前和丈夫一起的生活，于是心头总会在一阵怅然之后涌上丝丝甜蜜的感觉，此时她便微微一笑，告诉自己说：那份平淡而绵长的幸福生活，我曾拥有过。

或许，并不是每一次错过之后，都可以让爱情重来，毕竟我们那么深的被伤害过和伤害过别人，但若能在心里深埋着一分对往昔日子的美好怀念，不也是一种幸福吗？

云淡风轻的天际

她一直认为丈夫是很爱自己的，就像当初热恋时一样。她也深爱着丈夫，爱到了极致，甚至都不敢想象没有他之后自己将如何生活。

日子一天天过去，尽管她对丈夫的爱越来越浓，但日常生活中还是变得越来越散漫，没有了当初的那份小心翼翼。毕竟，彼此之间都那么熟悉了。她不再像以前那样爱打扮了，反而经常头不梳脸不洗地穿着一双拖鞋进进出出；她一下班就钻进厨房忙着做些可口的饭菜，好让丈夫一回来就能吃上，弄得自己像被烟熏火燎过一样；她很少为自己买化妆品，用她的话说是不能糟蹋钱，可却舍得花掉半个月的工资为他挑选一件他喜欢的衣装。

可不知为什么，慢慢地，她发现丈夫动不动就数落自己，次数也愈加频繁；他经常说有推不掉的应酬，于是很晚才回家；他从来不带自己出去，也很少带朋友回家。

尽管如此，她对丈夫还是十分放心的。她还记得热恋时丈夫对自己说过的话，还记得当时他那一副深情的样子。于是她告诉自己，丈夫还是爱她的，只要他不愿意做的事，就不要勉强。直到有一天，丈夫向她提出离婚，说爱上了另一个女人。

那个女人没有她漂亮，也不会做那些可口的饭菜，但却总是一副楚楚动人的样子，让他无比爱怜。她听着丈夫亲口述说着那个女人的种种，心无比凄凉，她知道，丈夫的心已经不在自己身上了。

她痛哭着跑出了家门，最后回到了父母那里。她决心让自己果断一点，可是每当深夜的时候，总会一边翻看着为他写下的日记一边偷偷流泪，她仍忘不了丈夫对她一往情深的那副表情。5年的共同生活，而今回首，一切都宛如明日黄花。

他打电话过来，希望她能给他一个不再觉得愧疚的收场，哪怕打他骂他也好，或者记恨他一辈子，她漠然地把电话挂断了。

她决定成全丈夫，就像以前一样，只要他愿意，就不勉强。

在一个秋雨蒙蒙的午后，两人相约去当地的民政局办理了离婚手续。她什么都没有带走，除了留在心里的记忆。

6年很快过去了，她一直和父母住在一起，依旧单身。现在的她，不知道该如何去爱上一个人，更找不到理由同一个人过婚姻生活。她受的伤太深了，已经不相信爱情。

偶尔有一天，她在街头和前夫不期而遇。他的手里领着一个小女孩。他冲着她微笑，说了一句好久不见的话，他还说他现在很后悔，转了那么大的一个圈之后，才发现还是她好。

突然间，她那早已干涸的内心有一股想哭的冲动。

记得很多年以前，我曾看过席慕蓉女士写的一首诗：

其实/并不是真的老去/若真的老去了/此刻再相见时/我心中如何还能有轰然的狂喜/因此/你迟疑着回首时/也不是真的忘记/若真的忘记了/月光下/你眼里哪能有柔情如许……

一段没有走到终点的恋情给一个人留下的伤害，或许是一辈子都无法抹去的，毕竟曾经那么用心地经营过，流过的泪水，付出的真心，还有因喜悦而激动的心情，此时暂且不要再提了。可是总有些别的什么会留下来吧，留下来伴你度过余下的日子，好等你在老去之后再次回首的眼界，是一片云淡风轻的天际。

第四章 婚姻之道

夫妻相处之道

忘了谁曾经对我说过这样一句话，“要想拥有一个美满的婚姻，除了对方要合适外，自己也要让对方觉得合适。”起初我打心里并不怎么认同这句话，可是上完那堂课之后，使我彻底地改变了这个观点。

那堂课的课题是“婚姻的经营和创意”，主讲的老师是一位专门研究婚姻问题的教授。

教授走进教室之后，把随身携带着的一沓图挂在了黑板上，掀开挂图的第1页，上面用毛笔大大地写着3行字：

婚姻的成功取决于两点：

一、找一个好人。

二、让自己做个好人。

“要想经营好自己的婚姻，方法就这么简单，如果还有别的什么秘诀，即便不是江湖偏方，也只能是老生常谈了。”教授指着图上面的字总结似的说道。

台下嗡嗡作响。下面坐着的人大多数都是已婚人士，他们交头接耳地交换意见，互相抒发着自己的感慨。过了一会儿，有一位中年男子站起来，问：“这两条如果没有做到呢？”

教授轻轻微笑，伸手翻开挂图的第2页，说：“那就变成下面的4条了。”

挂图上依旧用毛笔写着：

一、容忍、帮助，帮助没有效果仍然要容忍。

二、把容忍养成为一种习惯。

三、在习惯中养成傻瓜的品性。

四、做傻瓜，并坚持不懈下去。

大多数人还没有把这4条读完，就开始喧哗起来，有的人说不行，有的人说这根本做不到。

等大家稍微安静了下来之后，教授仍旧面带笑意地说：“如果这4条你觉得根本做不到，可是又想有一个稳固而完美的婚姻，那就需要做到以下16条。”说着，顺手翻开了挂图的第3页。

上面用毛笔小楷整整齐齐写着：

一、不要同时发脾气。

二、除非有紧急事件，否则不要大声吼叫。

三、发生争执时，让对方赢。

四、当天的争执要在当天解决。

五、争吵后回娘家或外出的时间不能超过8小时。

六、对对方的批评要出于爱。

七、随时准备认错道歉。

八、谣言传来时，把它当成玩笑。

九、每月给对方一晚的自由时间。

十、不要带着气上床。

十一、当对方回家时，你一定要在家。

十二、对方不让你打扰时，坚持不去打扰。

十三、电话铃响的时候，让对方去接。

十四、口袋里有多少钱要随时报账。

十五、消灭没有钱的日子。

十六、给你父母的钱一定要比给对方父母的少。

这次是教授逐条念给大家听的，每当教授念完一条，台下有些人笑，有些人则长长地叹气。当教授都念完之后，更多人脸上浮现出来的是无奈和理解的笑意。教授稍微停顿了一会儿，面带微笑地观察着台下人的表情，继续说道："如果有人还是觉得这16条根本办不到的话，那你最好就要做好下面的256条了。总之，两个人相处的理论是一个几何基数理论，它总是在前面那个数字的基础上进行二次方。"

就见教授翻开了挂图的第4页，这一页已不再是用毛笔书写的了，而是用钢笔密密麻麻地写了满满一整页。教授并没有逐条地念给我们听，而是很沉重地说："如果让婚姻到了这一地步，说明已经很危险了。"这时台下响起了更多的喧哗声。

可是就在教授宣布下课之后，有不少的人并没有马上就走，而是坐在原地没有动。他们低头悄悄地流下了眼泪。

用真心去体会

晓雯边在厨房里做着晚餐，边不时抬头望一眼正在院子里修剪草坪的丈夫李强，眼角挂着一抹温馨的笑意。

她和丈夫结婚都三十多年了，可彼此还是那么亲密，就如同一对新婚宴尔的新人。

“亲爱的，你觉得那里的草是不是还有些长？”

李强拉开窗户，半伸进头来，指着不远处的一片草坪问晓雯。

“不，刚刚好，你做得非常棒。”晓雯微笑着回应。

两个人都一大把年纪了，李强还总是称晓雯为“亲爱的”。

许多年前，当时李强还只是一名微不足道的小角色，在一家公司里做文职一类的工作。他那时很穷，甚至在打算向晓雯求婚时，连一枚像样点的宝石戒指都不能送给她。为此，他一度很沮丧。可他深爱着晓雯，他鼓起勇气来到晓雯面前，请求她能嫁给他，他忐忑不安地对晓雯说：“我没有钱，买不起戒指，但我爱你。”

面对这个因紧张而声音有些颤抖的羞涩男孩，晓雯笑了，说：“我相信你，就让我们一起努力吧。”

晓雯和李强结婚的时候，戴在手上的结婚戒指是几十元钱买来的便宜货。

原本平淡的婚后生活，因为晓雯的善解人意而显得欣欣向荣，她总是第一时间把自己的幸福感告诉李强：“我非常喜欢你送给我的那台冰箱，比起那些笨拙的冰柜来，我觉得它更实用。”

“你帮我挑的这件衣服真合身，穿着出去既大方又好看，你真有眼光。”

“亲爱的，你是在哪里找到这盆花的？我最喜欢这种花了，谢谢你。”

“你说什么？整罐巧克力都是送给我的吗？真让人难以置信，没有比这更好的礼物了，亲爱的。”

“这双鞋实在太漂亮了！很适合我，不是吗？你真细心，亲爱的。”

……

对于晓雯这样的言语，李强的欣慰和幸福溢于言表，每当他看着晓雯那种陶醉的眼神，心里总是暖暖的，也更增强了自己努力向前的动力，用他的话说就是：“这对我是最大的鼓励，让我知道自己应该做些什么。”

后来，李强开了一家自己的公司。当他用自己赚到的第一笔钱买来一枚真正的宝石戒指，并把它戴在晓雯的无名指上时，晓雯却没有像往常一样，而是满眼含着热泪和李强紧紧相拥在了一起。

他们的孙子现在都上小学了，他们的爱却依然如旧，这从他们相视一笑的眼神中就能够一览无余。当被问及他们是如何经营这段爱情的时候，晓雯说："用一颗真心去爱对方，并用真心来感受对方给自己的爱，我们一直是这样做的。"

爱情十足是一块儿晶莹的水晶，在折射出五光十色的同时，又像极易摔碎的玻璃一样脆弱，在随心所欲欣赏时，举手投足间彼此更要有一份小心翼翼地呵护。用真心去爱对方，并用真心感知对方的爱，毕竟"执子之手，与子偕老"不应该只是书本上才有的幸福。

别等失去后才醒悟

有一个善良的人，因为他生前乐于助人，做了很多好事，所以死后便到了天堂，成了一名天使。当上天使的他仍旧时常飞到凡间来，希望通过自己的帮助给人们带来更多的幸福。

一日，他在庄稼地里遇到了一个农夫，农夫一副愁苦的样子，正蹲坐在田地里唉声叹气。天使走上前，问他："有什么我能帮你的？"农夫哭诉道："现在正是农忙时节，可我家的水牛刚病死了，没有它拉犁耕田，庄稼就没办法种到地里去，我们一家人可怎么活呀！"天使很同情他的遭遇，便赐给他一头健壮的水牛。农夫很高兴，千恩万谢地辞别天使，忙自己的农活去了。

一日，他在村口遇到一位老妇人，老妇人双目失明，正倚着一棵歪脖树静候儿子从集市上归来。天使走过去，老妇人微蹙起眉头辨认他的脚步声，然后热情地向他打招呼。"有什么我能帮你的，老婆婆？"他询问道。老妇人说："其实我也并不缺少什么，但如果有一天能够大老远就看到儿子从集市上回来，就再好不过了。”天使很愉快地满足了老妇人的要求，让她的眼睛复了明。

一日，他遇到了一个一贫如洗的男人，男人非常沮丧，向天使诉苦说：“我本来很有钱的，谁知和人合伙做生意，钱都被合伙人骗走了，现在连回家的盘缠都没有了。”天使给了他些银两做路费。男人很高兴。

一日，他遇到了一个诗人，诗人年轻英俊、才华横溢，有一个貌美而温柔的妻子和富裕的家庭。在外人看来，诗人应该很幸福才对，但他本人却并不这样认为，整天一副愁眉不展的样子。天使问他：“你为什么不快乐呢？有什么我能帮你的吗？”

诗人对天使说：“外人都说我什么也不缺，他们并不知道我欠缺一样东西，你能把它给我吗？”

天使回答说：“可以。只要你需要，什么我都可以给你。”

诗人对天使说：“我最缺少的就是幸福这样东西。”

闻言之后，天使觉得很不可思议，他怎么会缺少幸福呢？这下子可把天使给难住了。天使想了想，终于想明白了其中的原因，便对他说：“我会把幸福给你的。”

天使拿走诗人的才华，毁去他的容貌，夺去他的财产和他妻子的性命。做完这些事之后，天使便离开了。

两个月很快就过去了，当天使再见到诗人时，他衣衫褴褛，正混在一群乞丐之中，向过往的路人乞讨。见到天使，他止不住泪流满面，说自己已经好几天没吃饭了，饿得半死，特别想念从前的生活，后悔当初没有好好珍惜。于是，天使把他的一切又还给了他。又过了一个月，天使再次回去看望诗人。这次诗人搂着妻子，不停地向天使道谢，他感觉自己现在很幸福。

有人说，幸福只是别人眼中的一道风景，就如同人们都艳羡花开时的瑰丽，却从不知道其间要经历多少的痛苦才会孕育出来。有这种认识的人，一定也没有体会过花落之后的心境，就仿佛那个感觉自己不幸福的诗人一样。几乎每个人都会教训别人说——“别身在福中不知福”，却很少有人真正懂得“惜福”，他们总是把原本不错的生活搞得一团糟，然后再后悔自己当初的鲁莽。我们的生命里很少会有善良的天使出现，别等到一切都无可挽回了之后，才幡然醒悟，追悔莫及。

请握紧你现在所拥有的，生命是一次没有回程的旅行，失去了就永远不能再找回来，爱情如是，婚姻也如是，我们很难有重来一次的机会。

刀柄之爱

婚姻生活或许会显得有些平淡，可平淡之中难道就没有幸福的暗流吗？习以为常的生活，习以为常的交谈，习以为常的柴米油盐，我们可曾就在这些习以为常之间，漠视了对方对自己爱的表达，漠视了自己拥有的那份幸福呢？

有一个美丽的女人，虽然结婚已经有些年头了，依然丰韵不减。本来她的婚姻也如同她的美丽一样出众，她也一度觉得这样的生活无可挑剔。时间不经意地流逝，就像一道美味的佳肴，吃得久了，便也吃不出什么味道来了，她开始厌烦这样的生活。

在这个时候，她遇到了一个男人，他幽默风趣，有着大山一般厚重的背脊和大海一般辽阔的眼睛。较之于丈夫的单薄和寡味，她看到了一个除丈夫之外全新的世界，她为自己能拥有这个世界而心动不已。

她终于下定决心，和丈夫离婚。

当丈夫从她口中听到这个消息后，并没有对她大喊大叫，只是坐在客厅的沙发上长时间地沉默。

沉默中，她拿出随身带着的小剪刀开始修理指甲。或许这把小剪刀用的时间长了，有些钝，不大好使。

“你把茶几上的那把新剪刀递给我用用，这把旧的不好使了。”她说。

丈夫微欠起身子把剪刀拿在手里，转身递给了她，不经意抬头望她的眼睛里有些潮湿。她忽然发现，丈夫在递剪刀给她的时候，刀柄冲着自己，刀尖是冲向他的。

“你怎么这样递剪刀呢？”她的语气里带着几分诧异。

“我一直都是这样递剪刀给你的，”丈夫说：“你总是那么大大咧咧，刀尖要是冲着你，你随手一接，还不把手给划破了。”

“是吗，我以前怎么没注意到？”她说，心蓦然像被什么东西刺了一下。

“或许是太平常了吧……”丈夫微扬起头故作轻松地笑了笑，但最终还是低下头去。顿了顿，丈夫继续说：“这么多年来，我一直是这样做的。其实从我第一眼看到你时，就在心里对自己说，我要给你最大的空间，让你随心所欲地在里面奔跑。就像刚才递剪刀时把刀柄给你一样，把爱情的生杀大权给你，让你不会受到伤害——最起码不会从我这里受到伤害。这也许并不惊天动地，也不像别人那样轰轰烈烈，可这就是我对你的爱。”

时间仿佛凝固在了这一刻，她止不住泪如泉涌。是的，丈夫一直是这么爱她的，丈夫给予她的一直是刀柄之爱，不让她受到任何伤害。

婚姻生活中，对方给予自己的爱，大多时候就像穿梭在荷叶下的青鱼，当荷花绚丽盛开，你倾心于花香扑鼻的芬芳时，青鱼只是无声无息地在水中游动，并不让你感觉到它的存在；当荷花凋谢如秋风中的落叶，你被诱惑已久的目光收回时，才发现青鱼给你带来的不仅是一串串鲜活的呼吸，而且已经充溢在你生活的每条脉络之中。

当你迷惑于眼前绚丽的荷花时，是否也看到了那条游走在你生命中的青鱼？当爱不仅仅局限在一个“爱”字上的时候，也许那才是爱的真谛。

偷藏起来的秘密

“你说，爱情的最高境界是什么？”

一个女人这样问她的丈夫。

丈夫摸着脑壳想了想，说：“是可以为对方去死吧？你想，都可以为对方舍去最重要的生命，还不是爱的最高境界！”

这样的回答正确吗？或许是吧，多少荡气回肠的故事最终无一不是如此，那些千古流传的爱情故事不都是生死相许？可是在柴米油盐的夫妻生活中，这样的情况又出现过几次呢？当然是少之又少，可我们能不能就因此断定他们不懂得爱呢？

有一对夫妻，结婚已经十多年了。记得刚结婚的时候，女人第一次在家做西红柿炒鸡蛋，男人站在身旁，让女人切半个西红柿给自己生吃。女人很费解地切下一小块儿，一边递给男人，嘴里一边说着：“当心，别吃坏了肚子。”

在以后的时间里，每当女人做西红柿菜时，男人总是让女人切一块儿给他，然后很香甜地吃下去。就这样，一年过去了，

10年过去了，他们从狭窄的小房子里面搬到了宽敞明亮的楼房里面，生活一天比一天好。女人也习惯了每次在做西红柿菜时，切下半个递给男人，男人也就随手接过来放进嘴里吃掉。

一天，一位朋友来家做客，恰巧看到了这一幕，便问男人："你怎么喜欢生吃西红柿？"

男人咬着手里所剩无几的西红柿，一边抬头瞅一眼厨房，回头说："说实话，不是太喜欢。"

"那你老婆怎么切了这么一大块儿给你？"朋友有些不理解。

"她以为我很喜欢！"男人继续解释道，"刚结婚那阵子，家里穷，我嘴又馋，每次做西红柿炒鸡蛋时，我都让她切一块儿给我，那个时候是真的爱吃，可现在一点儿都不喜欢了。"

"那你现在为什么不告诉她？"朋友问。

"为什么要告诉她？" 男人觉得朋友的问题很奇怪，"如果我告诉了她，让她知道原来这几年来我一直不爱吃她切给我的西红柿，你想，她不是会失望吗？还是把它当成秘密瞒着她好了，为什么要剥夺她的快乐呢？"

在我们日复一日的平凡生活中，什么才是爱情的最高境界呢？我想应该就是习惯。两个人在多年的婚姻生活之中，总会因为习以为常而形成一些习惯。当一个女人习惯了一个男人的鼾声，从不适应到习惯再到没有他的鼾声就睡不着觉；当一个男人习惯了一个女人的任性、撒娇，甚至无理取闹、无事生非；当一个人会为了另一个人的快乐而改变自己迁就对方。这才是真正的爱情，平凡生活中的爱情，也是最高境界的爱情。

我们并非圣人，从前的喜好肯定也会随着时间的流转而改变，可是，当你从前的喜好已经成为你们之间爱的表现时，请不要把你的改变告诉对方，就把它当成一个小秘密瞒着对方，让对方持续着既往的一个习惯。这个习惯能让她感觉到快乐，那你也就是幸福的。

爱情的哲学有时候就是这么简单。

请让我陈述理由

两个人结婚还不到一年，女人就已经厌倦了这样的婚姻生活，觉得没有一点意思，完全不是她当初所想象的那样。没过多久，她越来越感觉自己实在无法忍受下去了，终于在一天晚上向男人提出离婚。

男人沉默很长一段时间之后，问："能告诉我理由吗？"

"倦了，还需要别的理由吗？"女人说。

整整一个晚上，男人没再说任何的话，只是在一边一根接一根地抽烟。

面对男人这个样子，女人在心里想：一个连挽留都说不出口的人，自己跟他过一辈子怎么会幸福！女人的心也越来越凉，离婚的念头也越来越坚定。

不知过了多长时间，男人抬起头来问女人："我该做些什么，才能把你留下来？"

"给你出一道题，如果你的答案和我心里想的一样，我就留下来。” 女人继续慢慢地说道：“悬崖上长着一朵异常美丽的雪莲花，我非常喜欢，可是你去摘的话，结果百分之百会摔下悬崖，你会不会摘给我？”

男人认真地想了一会儿，说：“我明天早晨告诉你答案好吗？”

女人的心情顿时灰暗到了极点。

第二天一大早醒来，男人已经不在床上了。女人起身把窗帘拉开，回头见床头柜上的牛奶杯下压着一张写满字的纸，她拿起杯子，里面的牛奶还是温热的。

上面写着的第一行字，就让女人的心凉透了：“亲爱的，我想告诉你的是，我不会去摘那朵雪莲花……”

女人真想把纸撕得粉碎，再狠狠地丢到垃圾桶里，但接下来的字还是让她打消了这个念头。

“下面，请允许我陈述自己不去摘的理由：你只知道用电脑上网打字，每次总会把程序弄得一塌糊涂，然后对着键盘哭，我要把手指留着给你整理程序；你出门经常会忘记带钥匙，我要把双脚留着好能够跑回来给你开门；你酷爱旅游，可是即便在生活了14年的城市里也常常迷路，我要把眼睛留着给你带路；每月当‘好朋友’光临时，你总会全身冰凉，还肚子疼，我要把手掌留着来温暖你的小腹；你平时总爱窝在家里，不大愿意出门，我要把嘴巴留着替你驱赶孤单；你总是长时间地盯着电脑屏幕，眼睛给糟蹋得已不是太好了，我要好好活着，等你老了，给你修剪指甲，替你拔掉令你懊恼的白发，拉着你的手，在海边享受美好的阳光和柔软的沙滩，告诉你每一朵花的颜色……所以，即便你很希望得到那朵雪莲花，可不能确定有人比我更爱你之前，我不想去摘那朵花……”

女人满含着热泪看完，心里充溢着甜蜜的幸福感。就在这时，响起了轻轻的敲门声。她飞快地跑过去，打开门，只见男人手里正捧着她最喜欢吃的鲜奶面包，站在门外，紧张得像一个犯了错的孩子。

或许在日复一日的生活中，我们会因渴望激情和浪漫的心而忽略了一直紧紧包裹着我们的幸福，于是开始艳羡那些书本里才有的爱情故事，觉得那样才轰轰烈烈，才不枉此生。殊不知，所有的繁华和热闹都只是路过而已。爱，其实就在彼此之间那些微不足道的动作里，就在那些平淡无奇的话语里。细想一下，我们不也正是在这样的日子里，享受着自己的人生吗？

优点为何成为缺点

赵刚在同事小丽的眼睛里，是一个成熟持重、不爱浮夸的人，这也正是小丽喜欢他的地方。比起那些油腔滑调不时营造一些小浪漫氛围的男人，小丽觉得赵刚更适合自己，也是一个可以托付一辈子的人，虽然他并不会说一些花言巧语来哄自己高兴，但他的爱就像大山一样厚重。

两个人交往了有一年多，双双走进了婚姻的殿堂。赵刚的确和当初一样，婚后两个人独处的时候也不苟言笑，只是一心一意扑在了工作上。开始时小丽还为自己找了一个省心的丈夫感到高兴，可是没过多久，她就有些后悔了。赵刚完全就像是一个木头人，一天到晚只是有条不紊地做着自己应该做的事，没有一丝波澜和激情，而且还一点儿不理解小丽的心情。小丽感觉自己都快在这样的婚姻生活里窒息了。

小丽是一个性格很外向的人，只要工作中有了烦心的事，回家之后总喜欢说给赵刚听，很希望赵刚能安慰一下，或者说些鼓励的话。谁知赵刚听了之后只是点点头，并不发表任何的言论。时间一长，小丽觉得自己仿佛是面对着一堵墙自言自语，也就懒得再说些什么了，心里越来越觉得憋屈。尽管赵刚一下班就钻进厨房做饭，或者一声不吭地做家务活，临睡觉前还把洗脚水给小丽端来，有时还笨手笨脚地给她按摩，说是帮她缓解一下劳累一天的情绪。可小丽还是不由得就生起气来。她想像别的女人那样，可以在自己的丈夫面前撒撒娇，闲下来两个人在一起总是有着聊不完的话题，当自己生气的时候赵刚能甜言蜜语地哄自己开心。而这些，赵刚完全不能给予。不久，他们的婚姻亮起了红灯。

赵刚成熟持重、不爱浮夸的性格本来是小丽最为欣赏的，这也是她为什么会选择和赵刚结婚的原因，可现在为什么可爱之处统统都成了让小丽无法忍受的地方？赵刚没有任何的变化，还是那个诚实本分疼爱老婆的人，有变化的是小丽的心态，在婚姻生活中她以一颗不平衡的心态去追求完美，于是赵刚也从一个可以托付终身的男人，变成了不解风情的“木头人”。

很多人总是在不断抱怨着自己另一半的种种不是，殊不知，如此不但给对方太多的压力，自己也在这样的抱怨中与幸福渐行渐远。每个人表达感情的方式不同，要用心去体会对方对自己的爱意，有声的，抑或无声的。假如小丽能明白丈夫为她端来洗脚水、为她按摩是一种爱的表达的话，也就不会怪他的笨手笨脚了，更不会有窒息的感觉。

对婚姻追求完美的人，会因最终不能达到自己的目的而感到失望、焦躁，无端生出对生命和生活的抱怨来，于是也不可避免地影响到了夫妻间的感情，使其越来越糟糕。

“金无足赤，人无完人”。无论怎样的一件事物，只能是越来越接近于完美，而不可能符合完全意义上的完美，婚姻也概莫能外。世界上并不存在十全十美的男人和女人，反观自己不也是或多或少有些缺点吗？因此在婚姻生活中，我们不光要欣赏对方身上的优点，更要接受他的缺点。只有我们承认了婚姻中存在着的不完美，也才会接受这些不完美，并能够学会在不完美的婚姻中寻找到相对的完美。

抱怨是慢性毒药

俄国大文豪列夫·托尔斯泰的夫人在临死之前，泪流满面地向自己的女儿忏悔道："你父亲的去世是我的过错。"

她为什么会有这样的说法呢？托尔斯泰在全世界都享有足够高的声誉，据说两人在一次出行时，崇拜者排满了整条街道，另外他们还拥有财产、子女，这一切都是托尔斯泰给予她的，她怎么可能去伤害他的生命呢？何况两人最初也是因为爱情走到一起的，且婚后的生活一直幸福美满。

原来，托尔斯泰的夫人喜欢奢华的生活，渴望显赫、名望和社会上的赞美，于是便希望得到更多的金钱和财产。对于这一切，托尔斯泰本人却不重视，并且认为私有的一切都是一种罪恶。随着日子一天天地过去，两个人在这方面的矛盾越来越尖锐。一次，托尔斯泰因为坚决主张让人翻印他的作品，而不收取任何的利益，他夫人就像疯了一样吵闹、咒骂、哭喊，倒在地板上打滚，还手拿着一瓶大烟膏声言要自杀。

就是在这个女人日复一日的抱怨和要挟中，82岁的托尔斯泰再也无法忍受下去，于1910年一个大雪纷飞的夜晚，冒着严寒和黑暗，离开了家，不知去向。11天之后，人们在一个车站上发现了因肺炎而奄奄一息的他。临死前，他提出的最后要求是：不允许他的夫人来看他。

抱怨是内心里的污浊之气，因自私而毫无修饰地将其泼向对方，并不理会对方的感受，这是一种内心缺乏爱和包容的表现。一个男人的婚姻质量取决于他妻子的性格。如果妻子脾气暴躁，总是有着无休止的抱怨，两个人婚姻的幸福就如同水中的月亮一样无从捞起。

很多妻子对丈夫总是有着这样那样的抱怨，为什么他赚的钱不如别的男人多？为什么家里没有更多值钱的东西？为什么邻居家的老公那么疼爱妻子……就是在这样的情形下，丈夫的耳朵里终日听到的都是妻子没完没了的唠叨和抱怨，自信心和自尊心备受打击，每天都显得垂头丧气，毫无斗志。可就是在这样的抱怨中，妻子又会有什么收获呢？

一位妻子和丈夫离婚之后，逢人就诉苦说：“这么多年来我为他辛辛苦苦，做牛做马，可他一有钱就把我抛弃了，去找别的年轻女人。男人没有一个是有良心的。”

结婚的时候，她的丈夫虽然只是一个推销员，却对自己的前途满怀信心，对工作每天都充满着热情。她却对丈夫百般挑剔，不是嘲笑他的工作，就是轻视他日常的行为习惯。每当丈夫拖着疲惫的身躯回家，希望得到她的鼓励和支持时，她总是劈头泼下一盆凉水，“今天的生意怎么样？肯定又挨了老板一顿批评吧？这个月又不会拿到提成了吧？我想你应该知道房租又要到期了。”

丈夫的生意慢慢有了很大的进展，但婚姻却越来越举步维艰，终于在一天，丈夫在忍无可忍之下提出和她离婚，并爱上了另外一个女人。

这个女人的不幸与其说是因为丈夫的见异思迁，倒不如说是自己亲手毁掉的更贴切。在夫妻生活中，抱怨就像是一剂慢性毒药，于无声无息之中就会侵入你生活的每一个角落，让你与幸福无缘。

爱要让她知道

很多人的婚姻之中没有任何激情，也没有快乐，更不要说新鲜感了，他们只是以一种“勉强”的态度来维持着彼此的关系。为什么会出现这种现象呢？关键在于对婚姻缺乏一个正确的、清醒的、透彻的认识，我们不是把婚姻看得太过于浪漫，就是将其看得太过于理性。

纵观那些不幸的婚姻，我们总能发现许许多多令人感到遗憾的地方，而最令人遗憾的，就是他们之间因为习惯而漠视对方对爱情的表达，都把对方的付出看成是一种理所当然。

有这样一对老夫妻，丈夫是一个沉默寡言的人。妻子本来不吃葱姜、辣椒，一吃胃就会疼。可是在每次炒菜之前，她都会切上一碟辣椒，然后用姜丝拌上蒜泥，还要在上面浇上半勺滚烫的花生油。这是丈夫最爱吃的。这一切，丈夫不但都看在了眼里，也记在了心里，却从来没说过一句感谢的话。

妻子对此难免会有抱怨，时而也会发一通牢骚：“你就知道吃，我这么辛苦，给你当了半辈子保姆，不要说吃一顿你给我做的饭菜了，就连你一句知冷知热的话都听不到。”

丈夫听后呵呵一笑，说：“你做的饭菜香，别人做的我还不吃呢。”

妻子对丈夫的话不屑一顾。她从心里认为，丈夫是不爱她的，起码没有像她爱他那样爱她。

有一次妻子病了，病得很严重，丈夫没日没夜地守候在她的病床前，熬得两个眼睛里布满了血丝。等妻子稍微好了一些，丈夫拉着她的手轻声问：“你想吃些什么？我给你做。”

妻子苦笑：“你从来就没做过，会做吗？”

“会做，你说，一会儿我就给你做好了。”丈夫急切地说。

“那就给我做一碗鸡蛋面吧。”

丈夫马上起身，钻进了厨房，做起了鸡蛋面。谁知不是油溅到了手背上，就是把鸡蛋炒焦了，最后弄到碗里的面条跟糨糊差不多，尝一口，还有苦苦的味道。万般无奈之下，他只好把这碗面倒掉，悄悄下楼到对面的餐馆买了一碗鸡蛋面，然后小心翼翼地端到妻子的床前，微微低着头说：“这不是我做的，我到下面给你买的，我做得不好吃……”

妻子的眼角噙着泪花，甜蜜地笑着，伸手接了过去，大口吃了起来。

妻子的病很快就好了，他们又恢复了以前那样的日子。每次炒菜前，妻子还是会雷打不动地为丈夫准备一份姜丝辣椒。虽然她还是一吃辣的东西胃就会疼，却很高兴地做着这一切，甚至把它当作是一种享受。

其实，日常生活中的一点点温情就足以温暖对方的心灵。让婚姻生活变得幸福，并不会如想象中那么难，唯一困难的就是如何让对方感受到你对他的重视和关爱，这就是让自己的婚姻能够幸福和谐的秘密。

男人的爱大多时候是深沉而含蓄的，也正是因此，随着生活的累积和平淡的充斥，而被对方忽视，甚至产生出你已经不再爱她的想法。所以，要想经营好自己的婚姻和感情，男人，请把你的爱说出来，让对方知道。

留给对方足够的空间

小明和李倩从小青梅竹马。小明的家境不是很好，李倩家却很有钱。两个人在省城念大学时，李倩总是省吃俭用，把节省下来的钱给小明，让他交学费，另外寒暑假期间，两人还经常一起出去勤工俭学。小明非常喜欢李倩的朴实，尤其对自己的那份关心和爱护更让他感动。两人最大的目标就是毕业后能一起留在省城，能有属于两人的房和车，然后再把双方的父母都接来，一起过好日子。

他们的想法终于如愿以偿了。毕业后小明在一家外企找到了工作，李倩也进入了一家国内较大的电冰箱企业。一年之后，两人携手步入了婚姻的殿堂，开始了新的生活。

李倩是一位典型的贤妻良母，她善解人意、聪明能干，无微不至地照顾着小明，打理着家里的一切日常事务。小明全身心地投入到工作当中，两年之后，因为能力和业绩都比较突出，被任命为一家下属公司的负责人。李倩为了支持小明，辞掉了自己的工作，在家做起了全职太太。对此，小明很是感动。

一次闲聊时，朋友不经意间的一句话，使李倩的心里泛起了波澜。朋友开玩笑地说道："你要当心了，男人可都是一有钱就变坏了！"回到家里，联想起小明最近总是早出晚归的事实，回家后越来越紧绷的脸时，李倩不由得在心里打起了鼓。

李倩很想知道小明对自己对婚姻是否还忠实，还想知道他在外面到底忙些什么？这些李倩也当面问过小明，开始小明的回答还比较令她满意，后来她一问小明就一副不耐烦的神情，这更加重了她的怀疑。于是，她一面更加温情地对待小明，一面找人在暗地里跟踪小明。

两个多月以来，小明老觉得身边好像始终有一双眼睛在盯着自己，这一度让他很恐慌。后来同事建议他说，可以请人反跟踪。没多久，他就知道了这件事背后的真相。

小明心头不由涌上一种被侮辱的感觉，想自己在外面辛辛苦苦打拼，不就是为了让她过上好日子吗？现在日子好了，她却不信任自己了。小明失望极了，却没有声张。

尽管李倩还是一如既往地爱着小明，无微不至地照顾着他，可在小明的眼里却变成了一种手段。李倩对他越好，他越是甩不掉那双潜藏在周围的眼睛。这样的思想包袱一直沉重地压在小明的心头，他发现两人之间的感情越来越苍白，自己面对李倩时的心情也越来越压抑。

终于有一天，尽管李倩苦苦哀求，小明还是提出了离婚。

很多人认为婚姻就是把两个人捆绑在一起，因此他们也就像李倩一样，渴望掌控对方的一切。可惜，婚姻并不会因双方越来越近而变得越来越好，更多时候反而是越来越糟。

一个准备出嫁的女孩问自己的母亲：如何才能经营好婚姻?

母亲捧来一捧沙子。那些沙子在她的手里堆得满满的。这时，母亲慢慢攥紧拳头，就见沙子从指缝里呈直线泻到地面上。等到母亲的手攥成了拳头，再摊开，手心里的沙子已经所剩无几了。

确实如此，生活中的许多事情都是这样，往往抓得越紧，失去的可能性反而越大。婚姻尤其是这样，即使是亲密的夫妻之间，也要给对方留出一定的空间和自由来，这是一种信任的表现，更是一种爱的表现，正如泰戈尔在诗歌中所描述的那样：如果你爱他，就要信任他，并让你的爱像阳光一样包围着他，给他自由……

守一份平淡

他爱上她的时候，她才20岁，还是一个住在象牙塔里畅想着风花雪月的女孩。他工作已经好多年了，偶尔想起曾有过的关于浪漫的事情，仿佛都恍如隔世。也正是因为这个原因，他从心里告诉自己：一丝一毫都不能伤害到她，要尽自己最大的努力呵护她和她的内心世界。

一天，他和她一起坐在客厅里观看梅丽尔斯特里普主演的《索菲的选择》。片子播完之后，尽管她并没有理解里面最深刻的含义，有一个镜头却被她深深地记在了脑海里，令她终生难忘：当人们撬开房门，从外面冲到房子里，只看到那两个相爱的人已经相拥着离开了这个世界。她忍不住泪流涟涟，问他这是不是就是真正的爱情？他微微一笑，没有回答。

“那你爱我吗？”

“爱。”他的语气很肯定。

她很开心地笑了，说："我也是。"

他等了她4年，然后她成了他的妻子。两个人生活在一起之后，不知道从什么时候开始，养成了相拥而眠的习惯。不管在睡觉前两个人因怎样的争执而互不理睬，也不管在睡梦中变换了怎样的姿势，第二天清晨一觉醒来，她总是发现自己躺在他怀里，被他轻轻搂抱着。为此，她一度觉得自己很幸福。

很多年过去了，两个人之间发生了很多事，他们像有些夫妻一样开始厌烦这种平淡的生活，开始互相埋怨对方忽视了自己，开始重新审视相互之间的这份感情。他不再语气肯定地对她说"爱"了，当然她也不再说"我也是"。

一天晚上，他们在谈话中涉及了离婚的话题，之后背对背睡下。

半夜，突如其来的一声惊雷把他惊醒，他伸出双手下意识地去捂她的耳朵，才发现不知何时他已把她拥在怀里。

第二声雷紧接着响起了，她也许是被雷声抑或是被他的手弄醒了，睁开眼，就看见他的手正从自己的耳朵上拿开。

她的内心蓦然涌上来一股感动，使她的眼睛一下子湿润了。他们没有说话，重新闭上了眼睛，假装没有任何事发生。

第二天，她仍旧从他的怀抱里醒来。他们谁也没再提起离婚的事。

对于夫妻之间平淡的生活来说，外面多姿多彩的世界的确是一个很大的诱惑，也是对夫妻间感情的一个考验，如果守不住平淡，抵御不了诱惑，婚姻就会像一只折断了羽翼的鸟，再也无法飞翔。其实，真正的爱情并不在那些甜言蜜语的情话里，也不在那些绚丽多彩的故事里，而是在年复一年的似水流年里。当你口渴时爱人递上来的一杯水，当你出门时爱人的一句叮咛，当你伤心难过时爱人敞开的怀抱，这些才是真正的爱情。

一位少妇向自己的母亲倾诉自己的婚姻是多么糟糕，丈夫既没有很多钱，也没有一个体面的工作，生活中没有一丝激情，单调乏味。

母亲笑了，问："你们在一起的时间多吗？"

"太多了。"

"当年，你父亲上战场，我一天到晚期盼的就是战争能快点结束，然后整日与他厮守在一起。可他却没有回来。我真羡慕你们能朝夕相处。"

母亲说完，饱经沧桑的眼睛里噙着泪水。女儿仿佛明白了什么。

在婚姻里，若是你真正爱对方，就请守着他度过每一个平淡的似水流年吧！许多人并没有你这样的福气。

婚姻中的“离婚岩”

在日本一个叫甘卡的小村庄里，有一块叫“离婚岩”的礁石，只是海边的一个难以接近的小熔岩丘。每当夫妻双方因矛盾而危及婚姻时，他们的父母或者村里的人就会将他们用船送到那里，然后只留下一条毯子，让他们在这里过上一夜。

两个人在海风和骇浪下是怎么度过这一夜的并不重要，比这重要的是，第二天清晨当村民划着独木舟来接他们时，远远就能看到他们相拥着向这个方向挥手。不管多么固执的妻子，也不管多么不懂温柔的丈夫，经历过这一夜之后，他们总能和好如初，夫妻之间的所有争执和分歧仿佛都被冻结了，只有心里的爱意如周围的海浪一样澎湃。

“离婚岩”真的有这么大的魔力，可以让两个将要放弃婚姻的人再一次和好如初？当然不是。那又是什么让他们尽释前嫌的呢？原来，当两个人被“遗弃”在大海边的一块儿小小礁石上的时候，他们才发现，原来每一件事都可以被宽恕，也都可以被忘掉，争吵是一种最愚昧的方式。就这样，一段即将触礁的爱情，就在第二天的清晨再一次扬帆起航了。

长年生活在一起的两个人，“勺子总会碰上锅沿儿”，难免会在一些日常杂事上发生矛盾，如果矛盾不能及时地得到处理，不可避免地就会发生争吵，伤害到夫妻之间的感情，给家庭生活蒙上阴影。如何避免夫妻关系进一步恶化呢？此时，我们就需要在自己的婚姻中置放一块“离婚岩”了。

结婚后不久，女人就经常和丈夫闹别扭。每次闹别扭时他们都互不相让，彼此不停地攻击对方的“软肋”，因此战火不断。

一个周末，两人又开战了，原因是女人要看电视里正在热播的韩剧，而丈夫却一定要看体育频道的足球比赛。女人说韩剧好看，催人泪下；丈夫说没劲死了，哭哭啼啼的。女人说丈夫是冷血动物，丈夫说女人是浅薄无知。说着说着，就已经离开原来的话题而互相指责了起来。女人历数了丈夫的种种不是，丈夫也对女人身上的各种缺点进行了挖苦。俗话说：“打人无好手，骂人无好口。”两个人的嗓门越来越大，说出来的话也越来越恶毒。男人被刺痛了，挥起手掌就要扇女人耳光，手最终没有挥下来，他气鼓鼓地穿上衣服出去了。

女人起先坐在沙发上哭，可回想起刚才丈夫那只没有挥下来的手，又甜蜜地笑了，丈夫还是舍不得自己的，也还爱着自己，可她又何尝不是深爱着丈夫呢？既然这样，两个人为什么总是闹别扭？第二天，她向一位心理咨询师咨询。心理咨询师没有直接回答她的问题，而是先给她出了一道“脑筋急转弯”的题：有一辆装满货物的大卡车要钻过一个山洞，因货物高出几厘米而无法通过。请问在不卸货的前提下，货车怎样才能钻过山洞？女人左思右想也没想出办法来。

“给汽车的轮胎放点气，让汽车矮下几厘米，不就可以过去了吗？”心理咨询师继续说道，“你们经常闹别扭生气，是不是因为你对婚姻、对丈夫的要求有些高？适当的时候放放气，这辆婚姻的货车不也就顺利地过去了吗？”

女人恍然大悟。

仔细想一下，真如这位心理咨询师所说，婚姻就是一辆载着两人爱情与家庭希望的货车，难免会遇到“山洞”，要想顺利通过，我们就要学着先给自己放放气。这就如同那块“离婚岩”一样，让自己有一个可以冷静下来的空间，学会退让，不要把爱情和婚姻断送在无休止的争吵和指责里。

第五章

亲情似酒 友情似茶

家是温柔港湾

每当听到《家是温柔港湾》这首歌时，总是会有一种莫名的感动，随着舒缓的旋律，眼睛就如同被烈酒浸泡过一样，热泪盈眶——“家是温柔港湾，你我停泊这港湾。风雨再大都不怕，只要有个温暖的家……”

对于每一个人来说，家是出发的起点，也是最后的归宿。也许当我们为实现自己的梦想而在外面打拼的时候，会暂时没有家这一概念，可我们内心深处，总会有一根线牵扯着。家就是温馨，就是甜蜜，就是我们无论走多远都要回去的地方，因为那里有我们的父母、兄弟和姐妹，因为那里有我们美好的记忆和想起来时抑制不住的感动。

小时候，躺在奶奶怀里懵懂地听牛郎织女的故事；上学时，每天放学回家后揭起锅盖闻那热饭的香气；长大远行后，父母从电话里传来关切的声音，这一切在我们的头脑里组成了家的概念，而使我们内心深处流动着幸福的暖流。

台湾作家林清玄在散文《幸福》中这样写道：小时候，我们住在南部乡下，由于兄弟姊妹很多，妈妈非常忙碌，我们只要一靠近妈妈，她最自然的反应是一掌把我们打开："闪啦！大人在无闲，不要在这里绊手绊脚！"因此，我非常渴望有一天能牵她的手。有一天，妈妈要到田里摘野菜，我跟着去，她突然牵起我的手，走在田间的小路，那时是黄昏，夕阳一片金黄，拉长了她的身影，几乎覆盖了整条小路。那时候我感觉到从未有过的幸福，生命原是如此美好！经过三十几年了，每次想到那一幕，幸福的感觉仍在汹涌……

也许爱情难免会有遗憾，友情也可能遭受背叛，可无论我们的人生中经历怎样的变故和磨难，家总会以最宽容的姿态接纳我们，在我们把一肚子的苦水倾吐完之后，重新给我们上路的勇气。

我曾采访过一个白手起家的企业老总，当我问他在创业中遇到困难会用什么样的方法来克服时，他告诉我，为了走出那个祖祖辈辈居住的小山村，他带着出人头地的梦想，义无反顾地踏上了征程。外面的世界并非如他头脑中想象的那样，他总是要受人的气，看人家的脸色。从一个身无分文的打工仔到一个腰缠万贯的企业老总，他经历过了太多的磨难和挫折。说这一切并不是为了诉苦，他只是想告诉我，这么多年以来，他养成了一个习惯，就是每当心情焦躁或焦头烂额时，总会给父母打一个电话。

父母只是老实巴交的老农民，也许分析不清这些让他为难的事情，也不能给出解答方案，其实他并不会告诉父母自己具体遇到了哪些困难，只想和他们随意地聊聊天，每当话筒里传出父母朴实关切的话语时，总能让他找到一种安慰和幸福，也得到一种鼓舞和力量。

在刚开始运作公司时，资金、技术、市场、人员等一系列的问题都需要他去独自解决，那时，孤独和无助经常会阵阵侵袭而来。创业的艰辛没有让他掉下一滴眼泪，父母关切的叮咛却让他泪流不止。

一次，他给父亲打电话，随口说出了自己所在的城市刮了一周的6级大风的恶劣天气。老父亲说："要是太辛苦，就回来吧。"这时，他的眼泪再也忍不住了，决了堤似的不可收束，压抑了许久的情绪随着眼泪汩汩而下。他明白父亲的心，父亲是怕自己在外面受太多委屈，苦了自己。但也是这句话更加坚定了他的理想，他想：热血男儿总是应该有自己的事业，父母正在一天天老去，他们吃了一辈子的苦，艰辛了一辈子，我应该创出属于自己的一片天空，待父母年迈时，可以来此避雨取暖。

创业的艰辛总在父母的温情中淡化，感觉到累的时候只要想起父母苍老的容颜，就能重新找到上路的动力。一次又一次，帮助他坚定了信念，走向了成功。

失意的时候，我们第一个想到的就是家，就是那个永远也不会把我们拒之门外的家。在那里，我们可以洗去尘世的铅华，脱掉身上的伪装，安闲自在地品一杯清茶，或者跟兄弟姐妹、亲戚朋友悠闲地谈天说地，还可以坐在母亲跟前梳理她那干枯的白发。

每个人的生命里都不能没有一个家，因为那里有我们的父母、兄弟姐妹和爱人朋友，那里是我们避风的港湾。每一个行走在路上的人，都需要有一个回望的地方，因为在那里我们能够眺望到温暖和幸福。

父母的爱最深

大学毕业之后，我不甘心让自己窝在一个小县城里，每天一杯清茶一张报纸地浪费光阴，决定到北京去寻求自己的发展。临走的那晚，母亲一副牵肠挂肚难以割舍的样子，很让我不舒服，于是我宽慰她说："妈，等我有钱了，盖一栋大大的房子，里面的房间你半天也转不完，每日里尽在里面迷路了。"母亲被逗乐了，说："我可不想过这样的日子，只要你能有一份稳定的工作，找一个疼你爱你的人，两个人和和美美地过小日子，我就放心了。"

开始，我在北京的日子很艰难，好不容易找到一份工作，却做得并不得心应手，心情很糟。父亲每次来电话，总是说，要是在外面太苦，就回家来吧。为此我很生气，父亲也听出了我的意思，就说："那你一定要照顾好自己，我和你妈不求你能赚多少钱，只要你平平安安的就好。"

我的房东是一对老夫妇，儿女都在外地，两人居住在一个四合院里，便把多余的房子租了出去。男房东是一个很和蔼的老头，经常拿着象棋邀我到院子里的香椿树下，边聊天边下象棋。他说现在他最大的想法，就是存一些钱，当儿子结婚买房的时候付首付。我说："您可真辛苦。"他呵呵地笑了，说："我们老两口住着小房子，吃着粗茶淡饭，已经很不错了，要是以后能与儿子一起生活，那这辈子就更没有遗憾了。"这就是当父母的全部心愿，那么简单又那么少。

天地间，恐怕只有父母的心愿才会这么低。他们并不贪图我们能荣华富贵，只求粗茶淡饭，也不贪图耀眼繁华，只盼着我们能平平安安。父母的心全系在了儿女的身上，如果可以，他们宁愿把全世界的痛苦都收进自己的口袋，只留下平安幸福给自己的儿女。

老实说，对父母这样的深情此前我并没有太深刻的理解。可当我遇到我现在的妻子，组织了家庭，并有了孩子之后，我才终于明白了父母对我的恩情。以前我总是嫌父母太烦，相同的话说了一遍又一遍，可每当我露出一副不耐烦的表情时，父母也总是长叹一口气，说："孩子，你还小，等你也为人父母之后，你就会明白了。"现在每当想起这些，我的鼻子就一阵酸楚。

记得妻子刚怀孕时，每天想的都是肚子里的宝宝，期望他一定要有一双大大的眼睛，聪明漂亮，最好还要有一颗天才般的头脑。肚子一天比一天大了，她对宝宝的期望反而越来越少，甚至在进产房的时候，她拉着我的手说："我现在什么也不想啦，只要他能安全出生，健健康康的，别的我什么也不求了。"医生说，这几乎是每一个进产房的准妈妈内心的祈求，一开始的时候都是在心里把宝宝想了又想，到最后，都只剩下了一条：只要宝宝健康就好。

原来，父母对子女的爱，从来就是这么深。

父母经不起太多等待

一个死囚犯即将行刑，在临刑场前，他给监狱里其他的服刑人员留下了最后的嘱托，而这个嘱托是替他对他的母亲叫一声"妈"——"我要走了，我这一生没什么可遗憾的，唯一遗憾的就是不能再对我的母亲叫上一声妈。你们也知道——我妈每天都来——呼唤我的名字，风雨无阻——她的眼睛瞎了，听不到我的声音会哭的。"

"我走了，你们谁听到——都要替我叫一声——妈！"

死囚犯的母亲为儿子急瞎了双眼，但她每天都要爬到监狱对面的小山坡去"看望"儿子，召唤儿子，儿子不能出去看一眼老母，只能轻轻地回应，而母亲只有听到儿子的声音才肯回家。

在生命即将完结的时候才忏悔的儿子，此时才深深地感受到这份母爱，但一切都晚了。罪恶的灵魂最终带着一生的遗憾离开了这个他还有所留恋的世界。

那一天，风雨交加，母亲坚持到山坡上看他。母亲大声地呼喊，儿子，妈又来看你了。母亲的喊声在空旷的山坡上回旋着，久久不肯散去。

其实，母亲看不到，山坡下已经没有她的儿子了。

母亲也看不到，此刻，山坡下255名服刑犯，正在雨中，朝她深深鞠着躬，大声地叫着“妈妈”……

亲情是稍纵即逝的眷恋，亲情是无法重现的幸福。亲情是一失足成千古恨的往事，亲情是生命与生命交接处的链条，一旦断裂，永无续接。

许多时候，远方的游子总是会说：“要回家一趟谈何容易啊！我的工作这么忙，回家的路途这么远。”可是你想过没有你上次回家看望父母距今已有多久？你想过没有你的父母对你的思念是多么深切？你想过没有你还能回家见爹娘几次？

许多时候，近在咫尺的人们总是会说：“我那年迈的老妈真是好烦人，每次我去见她，总听她这样那样唠叨个没完，好像我还是三岁的小孩，总是不放心。”可是你想过没有你还能听她对你唠叨多久？你想过没有为什么她总是觉得你是个三岁的小孩？你想过没有这唠叨里包含了多少无法言表的爱？

回家的路总是很遥远，在外的工作总是很忙碌，我们挣的钱越来越多，我们得到的名与利也总是不断增多，可是在内心深处，在无数个漫长的黑夜，每当想到远方苍老的父母，想到他们孤独度日的情景，我们的心里真的会觉得安然吗？会觉得踏实吗？会觉得值得吗？

对于近在身边的幸福总是视而不见，对于父母的关心爱护总是觉得习以为常，总是觉得自己已经长大，其实，在每个父母眼里，年龄不是评判是否把你当成孩子一样百般呵护的标准，只有他们的心、他们的爱才是唯一的标准——没有年龄的界限，孩子永远是父母心疼的那个宝贝。

作家毕淑敏曾说过：“有一些事情，当我们年轻的时候，无法懂得。当我们懂得的时候，已不再年轻。世上有些东西可以弥补，有些东西永远无法弥补。”对于父母，我们实在不应该让他们等待的太久了。

对父母再多一点爱吧，毕竟他们把最多最浓的爱毫无保留地给了我们。不要再说你还是那么忙，人生有忙不完的事，我们还有很多时间可以弥补，可是父母却没有太多的时间等待我们去尽我们所谓的“孝道”。在这个世界上有什么能比父母的爱更朴实无华？有什么能比父母的爱更细致入微？一定要记得对这份爱心存感恩，感激他们无言的爱伴随我们从容地穿行在人间长街，感激他们无言的爱给我们活着的勇气和理由。

有了这份爱，才知道生命的美丽。有了这份爱，才懂得幸福的含义。

真诚才是友情的味道

真诚的友情总是感动人心，有一个故事不仅感动了老百姓，连国王也被感动了。故事发生在公元前4世纪的意大利，一个即将被处以死刑的年轻人在临死之际提出了一个要求，就是在临死之前，他希望能与母亲见最后一面，以表达他对母亲的歉意，因为他再也不能孝敬母亲了。

他的这一要求被国王准许了，但条件是，他必须找一个人来替他坐牢。这是一个看似简单其实近乎不可能做到的条件。假如他一去不返怎么办？谁愿意冒着被杀头的危险来干这件蠢事呢？

这个消息传出后，有一个人表示愿意来替换坐牢——他就是年轻人的朋友达蒙。

达蒙替年轻人住进了牢房，年轻人就赶回家去与母亲诀别了。人们都静静地等着事态的发展。日子如水一样流逝，眼看刑期在即，年轻人却音讯全无。人们一时间议论纷纷，都说达蒙上了年轻人的当。

行刑日是个雨天，因为年轻人没有如期归来，只好由达蒙替死。当达蒙被押赴刑场时，围观的人都笑他是个傻瓜，也有人对他产生了同情，更多的人却是幸灾乐祸。但刑车上的达蒙，不但面无惧色，反而有一种慷慨赴死的豪情。

时间一点点过去了，年轻人还是没有回来。人们不禁在内心深处为达蒙惋惜，并痛恨那个出卖朋友的小人。

突然，在淋漓的风雨中，年轻人飞奔而来!他高声喊着："我回来了!我回来了!"这真正是人世间最最感人的一幕，大多数人都以为自己是在梦中，但事实不容怀疑，年轻人已经冲到达蒙的身边，他们紧紧地拥抱在一起。

马上，国王便知道了这件事。他亲自赶到刑场，要亲眼看一看自己如此优秀的子民。喜悦万分的国王立即为年轻人松了绑，亲口赦免了他，并且重重地奖赏了他的朋友达蒙。

真诚的友情总是在我们的生命中扮演着重要的角色。友情在我们的生命中不可或缺。它是一种纯洁、朴素的感情，也是动人、永恒的情感。生活中若没有朋友，就像生活中没有阳光一样黯淡无光。

但是结交朋友应该有所选择，不能盲目。孔子曰："益者三友，损者三友。友直，友谅，友多闻，益矣。友便辟，友善柔，友便佞，损矣。"朋友可带你去天堂，也可送你下地狱，因此对朋友的选择及选择朋友的方式很重要。你也许认为不适于择友，但最好的朋友，必然经过零度视野才能窥视质地。择友，不仅仅是感情，还需要智慧；不仅仅需要方法，还体现为艺术；不仅仅见证于品德，还直抵人性。

朱熹认为，结交朋友，并不是为了结伴游玩，而是为了在奋斗的道路上能互相激励。同为宋代的著名史学家司马光也说：朋友“应有切磋”。也就是说真正的朋友并非表面上合得来，或应声附和，而是相互间真情切磋，让大家都有进步和提高才是最高的境界。

君子之交淡如水，真正的友情不因其辉煌而刻意追随，更不因其落难而退避三舍，穷可交，富可交，不慕“往来无白丁”的高雅，不嫌“凡夫俗子”的平凡。将择友的标准建立在人格基础上，而不是金钱、地位等其他。真正的友情是一种心灵的相知，一种超越贫富、贵贱、世俗冷暖的情义，一种对命运的真诚的关注，一种无论何时何地都相互牵挂的境界。

友情润物细无声

友情不同于亲情，有着酒一般的浓烈；友情也不同于爱情，有着彩虹一般的绮丽。更多的时候，友情是在一种润物细无声的状态下发生并持续下去的，它就仿佛新煮的一杯茶，需要我们用文火慢慢煎熬，这样才会滋之醇、味之浓，值得我们用一生的时间来品味。

在新泽西的一个矿井里，一名矿工正在井下刨煤，忽然一声巨响，只见这名矿工倒在血泊之中。原来他一镐刨在了哑炮上，随着哑炮的一声巨响，他被当场炸死了。由于这名矿工只是一个临时工，所以矿上只发放了一笔抚恤金，就不再过问他的妻子和儿子以后的生活。

矿工的妻子在经历丧夫之痛的同时，生活上的压力又接踵而至。由于她无一技之长，无奈之下只好收拾行囊，准备回到家乡——一个闭塞的小镇去。就在这时，矿工的队长找到了她，对她说矿工们都不爱吃矿工餐厅做的早饭，如果她能够在矿上开一个面包店，卖些面包，说不定可以维持生计。

矿工妻子仔细想了一下，便一口答应了。

在工友们的帮助下，她的面包店很快就开张了。第一天，就有8个人来光顾。

时间一天天过去，光顾她面包店的人也越来越多，最多时可达三十多人，但最少时也从未少过8个人，无论风霜雨雪，这8个人从不间断。

时间一长，不少矿工的妻子发现，自己的丈夫每天下井前，都会去她那个面包店那买一个面包吃，简直成了一个雷打不动的习惯了，这令这些妻子们百思不得其解。

直到有一天，矿工队长在刨煤时也不小心刨到了哑炮，被炸成重伤。生命垂危之际，他嘱咐妻子说："我死了以后，你每天一定要接替我去买一个面包。这是我们队8个兄弟的约定，自己的兄弟死了，老婆孩子没人管，咱们不帮，谁帮。"

从此以后的每天早晨，在众多买面包的人群中，又多了一位女人的身影。来去匆匆的人流不断，而时光变迁之中唯一没有变化的，就是不多不少的8个人。

转眼二十多年过去了，矿工的儿子已经长大成人，他那饱经苦难的母亲两鬓花白，可是依然用真诚的微笑迎接每一个前来买面包的人。那是发自内心的真诚与善良。

比这个更为难得的是，在前来买面包的人中，尽管年轻的代替了年老的，女人代替了男人，却从未少过8个人。岁月的风霜苍老了人们的面容，而唯一不能改变的，就是8颗金灿灿的爱心。

真正的友谊常常伴随着感动，这种感动如同屹立在漆黑夜里的一座灯塔，总能在无助的时候给我们以希望的光亮。或许人生中难免要经受些风雨，但只要有这样的一份友谊相伴，我们就不畏惧困难，不畏惧严寒，因为在我们跌倒的时候，总会有一双手伸到我们面前，这就是友谊之手。

崎岖不平的道路上才能显现出老黄牛的耐力，患难的生活中才能昭示出友情的真诚。

杜雷耳和京斯坦是一对很好的朋友，同时两人都十分喜欢绘画。可以说，在绘画方面，他们俩就像两块儿质地完美的璞玉，只需要经过稍微地雕琢便可成器。可是由于家穷，他们没有钱到好的艺术学院去进修。于是两人只好日间工作晚间练画。但这样一来，工作占去了他们大部分的时间，很少有时间去潜心学画，因此进步也很慢。两人常常为此长吁短叹，害怕他们就这样一辈子一事无成。

终于有一天，两人想出了一个好办法，那就是由其中一人工作去支持另一个专心学画，等另一个成功之后，再支持工作的人去学画。经过抽签决定，由京斯坦工作来支持杜雷耳去艺术学院深造。

在京斯坦的全力资助下，杜雷耳前往欧洲的一所著名艺术学院学画。正如现在人们所知道的那样，杜雷耳不但拥有才华，还备具天分。过了没几年，他便学有所成，此时他决定履行自己的承诺，可是谁知见到京斯坦之后，京斯坦说他已不能再画画了，他的双手因过度劳累已经十分粗糙扭曲了。为了他的朋友，京斯坦牺牲了他的艺术前程，努力工作赚钱，内心没有半点怨恨和不忿。

一天，杜雷耳回家后，透过京斯坦虚掩的房门，看见他正跪在床前双手合十祈祷。就是朋友那双多瘤节的双手，一刹那让杜雷耳热泪盈眶，他立马用画笔描绘下了朋友的这双手。这并不是一双美丽的手，但通过这幅画和它背后的故事，人们总能有很深的感触。

这幅画就是后来在世界各地艺廊都有陈列的名画——《祈祷的手》。

学会珍惜

在每个人的一生当中，都少不了朋友的陪伴，而有几个彼此交心的朋友，不但可以替我们掸掉旅途的风尘，给我们的内心一片静谧的空间，而且彼此用一份真情来守望，深切体会着那份心灵深处的快乐，不也是人生中一大福气吗？

有人说，爱情是于千万人之中的一次美丽邂逅，而友情则是人来人往中一次倾心的意气相投。大千世界，滚滚红尘，在彼此不同的人生轨迹上能够相遇，并在不同经历的心弦上奏出共鸣，不仅是一种缘分，简直是一种幸运。

张丽大学毕业参加工作还不到一年，就因为腿部粉碎性骨折而不得不停掉手里的一切工作，住院治疗。预付完住院费和治疗所花的费用后，她已经囊中羞涩了。为了不让家人担心，这些窘迫她并没有提起，尽可能地降低所有的开支，打算过几天如果没什么大碍就出院。

第二天下午，张丽左边的床位上转来了一个八九岁的小女孩，也是腿部骨折，疼得直流眼泪，低声地啜泣，身边也没有人陪伴。张丽凑过去和她聊天，才知道小女孩的父母正在国外考察，家里只有一个哥哥。哥哥上班去了，她在小区里骑车，不小心摔了一跤，还是小区的保安给送来医院的，哥哥现在还不知道呢。

张丽像亲人一样照顾着小女孩，帮她上药，鼓励她要坚强，还讲笑话逗小女孩开心，以此来分散她的疼痛。傍晚时候，小女孩的哥哥赶来了，看到妹妹不但没像他想的那样泪流满面，疼得哇哇直哭，而且还跟旁边的人很开心地说着话，很高兴，对张丽的帮助表示感谢，随后便坐下来一起聊起了天。

小女孩的哥哥叫赵毅。两个人很投缘，甚至有一种相见恨晚的感觉。在陪小女孩接受治疗的这几天，赵毅见张丽只喝一点米粥，床头柜上也没有什么营养品，便很直接地问道："是不是缺钱啊？"

"还好。"张丽随口回答，以为他只是客气。

"你要是真缺钱的话，我可以帮你。"赵毅追问了一句，很真诚。

张丽微笑着点了点头，并未当真。

不几天，小女孩就出院了。当天下午，张丽收到了赵毅发来的一条信息："我现在去给你送钱，5000元够了吗？"

仅仅只有数面之交，除了在病房里说过几次话之外，根本没有更深的交往，张丽怎么也不敢相信能够得到赵毅如此的信任和关怀，以至于当赵毅来到她面前，把钱递到她手里的时候，张丽心头不由一震，止不住热泪盈眶。

一年的时间很快就过去了，张丽和赵毅成了很好的朋友。这条信息一直被张丽保存在自己的手机里面，用来见证两人之间这段特殊的友谊。

朋友之间的感情有时真是个很奇特的东西，它可以让两个素未谋面的人，只因为一面之缘，便意气相投，熟悉得如同多年未见的老朋友；它可以让身处异地的两个人平时尽管很少联系，却会在某个场景的触动下，突然想到对方，内心充满一种久违的感觉。

每当我们静下心来，回想起过往的日子，总会有许多回忆。或许琐碎，或许不全都是快乐，但在我们生命中曾存在过的那些朋友，却点亮了我们的人生旅程，让我们的眼睛里充满了美丽和感动。

请珍惜每一份友情，只因为有朋友陪伴在身边，我们才能充实地走在这漫长的人生道路上，而心里了无遗憾。

有分享才有快乐

有一位酷爱打高尔夫球的犹太教长老，在一个安息日，突然觉得手痒，很想到球场上挥动球杆。可是犹太教义规定，在安息日里信徒们必须休息，什么事都不能做，当然也包括打高尔夫球。

可这一日，长老是如此想挥杆，以至于再也按捺不住，偷偷地跑去高尔夫球场，心想，只打9个洞就好了。

由于是安息日，球场上很冷清，一个人也没有。长老心里暗自庆幸，认为不会有人知道自己违反了教规，出来打球。

可是，就当长老正准备打第2洞时，一位巡查的天使看到了这一切，便异常生气地到上帝面前告状，说某某长老不遵守教规，安息日不在家里休息，竟然跑到球场上打高尔夫球。上帝听后，慈祥地一笑，对天使说："我会好好惩罚一下这个长老的。"

从打第3个洞开始，长老的成绩都是超完美的，几乎每次都是一杆进洞。长老兴奋莫名，更加兴趣盎然，等到打第7个洞时，天使再也看不下去了，于是又跑去找上帝，问："上帝呀，你不是说要惩罚那个长老吗？可为什么还不见有惩罚啊？"上帝说："我已经在惩罚他了。"天使很是不解。

直到打完第9个洞，长老仍旧一杆进洞。长老今天的状态太好了，简直是神乎其神，于是他更加兴奋，决定再打9个洞。天使又去找上帝，问："您一直说要惩罚那个长老，可惩罚到底在哪里呢？"上帝笑而不答。

等到打完第18个洞，长老的成绩比任何一位世界级的高尔夫球手都要优秀，这下可把他乐坏了，急着想在人前炫耀一下，可环顾四周一个人也没有，这时他才想起来，今天是安息日，只好怏怏地离开。天使非常生气，问上帝："您不是说要好好惩罚那个长老吗？"

上帝说："难道这不是对他的惩罚吗？你想想，他今天打出了这么惊人的成绩，心情是那么兴奋而激动，却不能跟任何人说，这不就是最好的惩罚吗？"

天使若有所悟。

生活中的酸甜苦辣，都需要拿来与他人进行分享和交流。人生中最大的痛苦不是被伤害，而是心里明明有巨大的悲痛，却没有一个人来倾听和安慰；人生中最大的悲哀也不是一辈子庸庸碌碌、毫无作为，而是明明取得了成绩，却没有鲜花和掌声，竟然连一个赞许的眼神都没有，最后只能像那位长老一样，怏怏地离开。没有人分享的人生，无论面对的是快乐还是痛苦，都是一种惩罚。

其实，分享并不意味着失去，人生的乐趣就在于与人分享，快乐尤其是如此，正如孟子所说："独乐乐，不如众乐乐。"把自己的快乐拿出来与他人分享，自己的这一份并不会减少，反而会因为别人得到了快乐，让自己更快乐。我们不要总是在想"别人能给我什么"，要知道，施者的境界永远要比受者更高远，因此所得到的快乐也要比受者更丰富。

英国诗人勃朗宁曾在诗中这样写道："如果把爱拿走，地球将变成一座坟墓。"但如果把爱拿出来，世界便将是一座天堂。

有一天，上帝对一名教士说："来，我带你去看看地狱。"他们进入了一个房间，那里有许多人正围着一只煮食的大锅坐着，他们的眼睛直呆呆地望着大锅，又饿又失望。每个人手里都有一只汤勺，因为汤勺的柄太长，所以食物没法送到自己的嘴里。

"来，现在我带你去看看天堂。"上帝又带着这名教士进入了另一个房间。这个房间跟上一个房间的情景一模一样，也有一大群人围着一只正在煮食的锅坐着，他们的汤勺柄跟刚才那群人的一样长。所不同的是，这里的人又吃又喝，有说有笑。

教士看完这个房间，奇怪地问上帝："为什么同样的情景，这个房间的人快乐，而那个房间的人却愁眉不展呢？"上帝微笑着说："难道你没有看到吗，这个房间里的人都学会了喂对方吗？"

教士恍然大悟。

宽恕别人就是释放自己

每个人的一生之中，总会遇到一些令自己感到伤心、痛苦、愤怒的事情。这些事情可能来自于亲人、朋友、同事，也可能是那些擦肩而过或者从未谋面的人，可因此带给我们的伤害如果都或多或少，或深或浅地留在我们的心里，就会使我们心生怨恨。如果这种怨恨长久积滞于胸，就会让自己像一只深陷在泥沼里的山羊，越挣扎反而陷得越深，越不能自拔。深陷其中的人，心头会被一种辗转不能释怀的痛苦所笼罩，而在这样的一种心理状态下，生活中将不会再有明媚的阳光，也不会再找到快乐的天地。

此时，宽恕别人的过错，其实也就是解脱自己。

第二次世界大战期间，美国的一支部队在森林中与日军相遇，经过半天的激战，有两名美军士兵与部队失去了联络。这两名士兵来自同一个村庄，是很好的朋友。他们相互鼓励、相互安慰，在森林中艰难地跋涉了两天两夜，可还是没有找到自己的部队，此时他们仅剩下一小块儿鹿肉当口粮了。第三天，两人在森林中又遇到了一股敌人，幸好他们机警，巧妙地避开了。就在自以为安全时，忽然传来一声枪响，走在前面那名士兵的左肩中弹了——幸好鹿肉也绑在左肩上，不然伤势会很严重。跟在后面的士兵惶恐地跑过来，害怕得说不出话来，只是抱着战友不停地流泪，并撕下自己的衬衣替他包扎伤口。

那天晚上，尽管饥肠辘辘，可两人谁也没动过那一小块儿鹿肉。第四天，两人终于找到了自己的部队。

事情过去了四十多年，受伤的那位士兵在自己的回忆录里写下这样的一段话："我知道是谁向我开的那一枪，就是跟在我身后的战友。当他惶恐地跑过来抱住我时，我触碰到了他发热的枪管。当时我想不清楚他为什么会对我开枪？但我并没有说破。后来的一天我终于想明白，原来他想独吞我身上背的那块鹿肉。我们都有母亲和家庭，都想活着走出那片该死的森林，我这样想，他一定也这样想。所以，这四十多年来，我们一直相处得很好。开始时我强迫自己假装根本不知道此事，也从不提起，后来就真的如同没有发生过这件事一样。战争太残酷了，不能怪他。他之所以打的是我的肩膀，说明他的心还是仁慈的。这件事已经过去了，我相信以后不会再出现了，我们又做了这么多年的好朋友。"

心理学家认为：适度地宽恕别人的过错，有益于改善人际关系和促进身心的健康，还可以有效防止事态扩大而加剧矛盾。大量事实也证明，不懂得宽恕别人的人，最终会殃及自身。所以，为了让自己能有一个更好的生活环境和心态，实在应该像那位被战友打了一枪的士兵一样，强迫自己假装忘掉那些困扰着自己的问题。这并不是自欺欺人，当我们爬到一座小山丘上时，仅仅会觉得四周变得矮小了些，只有到达泰山之巅才会有一览众山小的胸襟，也只有当我们用一颗宽容的心去理解对方时，才会得到一种自身的超越。

给人留有余地

记得看过一个韩国的电影，讲的是一个国王利用戏子来为其母亲报仇的事。国王的母亲在年轻时被他的奶奶和另一个皇妃所害，国王一直过得不开心。直到有一天，皇宫里来了一帮玩杂耍的，他们表演得很好，国王勉为一笑，于是就把他们留在了皇宫供国王开心。因为玩杂耍的人能装扮成别人的样子来演戏，国王就想让他们表演当初母亲被人害死的场面。戏子们答应了，但表演得战战兢兢，观看的人也是惊慌失措，尤其是他的奶奶和皇妃，虽然事隔多年，还是感到有点惊惶。因为她们知道国王现在已经变得暴虐无比，她们不知道接下来等待她们的将是什么。当戏演到他母亲喝下毒药身亡的时候，国王突然站起来拔剑向那个皇妃刺去，他奶奶在一旁说他母亲是个坏女人，所以不能留下，他也不听劝说，终于用长剑刺死了皇妃，他奶奶也被气死了。

也许这叫作报仇雪恨，但是现在的他已经变成了杀人狂，后来他把皇妃的家人全都杀了，连最小的孩子都没有放过。全国百姓对他的行为甚为愤怒，终于引发了叛乱，使一个王朝在一场个人的恩怨中消之了。

俗话说“冤冤相报何时了”。在建房子的时候，要在需要的地方留一点空隙，从而避免拉裂或挤压导致变形。其实，在为人处世方面也应该这样，留一点缝隙，也就是为自己留一条后路。如果我们总是工于算计，事事锱铢必较，不给别人留半点余地，不让自己牺牲一点利益，那么人与人之间的关系，必定会出现剑拔弩张的局面。

喜剧大师卓别林常说：“我只记着别人对我的好，忘记了别人对我的坏。”所谓“得饶人处且饶人”，真正会做人的人，总是懂得体谅他人，容忍别人，给人留有余地，与人和睦相处，而不是动辄给人难堪。因为给别人留余地，也就是为自己留余地。

心怀感恩

曾在《读者》上看到过这样一篇文章:

在洛杉矶的一家旅馆里，早晨的阳光撒在屋里的三个黑人孩子身上，他们正在餐桌上埋头写着感恩信。这是他们每天必做的功课。老大在纸上写了八九行字，妹妹写了五六行，小弟弟只写了两三行。再细看其中的内容，却是诸如“今天见了一朵漂亮的小花”“昨天吃的比萨饼很香”“昨天妈妈给我讲了一个很有意思的故事”之类的简单语句。

像这样的事，在我们的生活中也许经常出现，有好多时候，由于我们不知道什么叫大恩大德，所以我们只能去做我们力所能及的事，感谢我们身边美好的事物。只有我们对任何事物心存感激，我们的生活才会无限美好。所以，我们要懂得感谢母亲辛勤的工作，感谢同伴热心的帮助，感谢兄弟姐妹之间的相互理解。只有我们对许多我们认为是理所当然的事都怀有一颗感恩的心，我们的生活才会变得绚丽多彩。

有一次，我到云南省昭通的农村进行考察，当地的一位老人给我讲了这样一个故事。

在1962年的时候，有一位非常慈善的老人想帮助村里做一些事情，他就把自己仅有的一点钱拿出来购买了一些粮食，然后做成面包，并通过公社的广播宣布，他已经做好了面包，凡是那些衣食无着落的小孩都可以到他那里去领取一个面包。

就这样，每天早晨，都会有一群已经饿得面黄肌瘦的孩子来到他的家里领取面包。每当孩子们取完面包后，这位老人就会说："你们要记住，只要你们能够成为一个有用的人，在这经济不景气的时候，你们每天都可以来拿一个面包。"

当然，这位老人做这件事，并不是要求有所回报，每当看着那些饥饿的孩子们蜂拥而上，围住装面包的篮子你推我攘时，他都会露出善意的笑容，从没有因为他们都想拿到最大的一个面包发生的争吵和打斗而感到生气，也没有因为这些饥饿的孩子们拿到了面包之后，连一句感谢的话都不说，就慌忙跑开了而不开心。

不过，没有几天，老人发现了一个奇怪的现象，在这群饥饿的孩子之中，有一个衣着贫寒的小姑娘，既没有同大家一起吵闹，也没有与其他人争抢。她只是谦让地站在几步之外，等其他孩子离去以后,才拿起剩在篮子里最小的一个面包，然后对老人说声"谢谢"之后，才捧着面包高高兴兴地跑回家。

老人为这位小姑娘的举动而感到高兴。有一天，在别的孩子走了之后，羞怯的小姑娘得到一个比每天更小的面包。但这位小姑娘并没有为此而感到不高兴，她依然对老人说了声“谢谢”然后才离开。小姑娘回到家以后，妈妈切开面包，发现里面竟然藏着一块碧玉。

妈妈惊奇地叫道:“小花，快把面包送回去，一定是好心的老人把自己的碧玉送给了你，赶快回去，把碧玉还给老人!”

当小姑娘把碧玉送回去的时候，老人说:“不，我的孩子，这没有错，是我特意把它放进去的。我要告诉你一个道理:谦让的人，总会得到丰厚的回报的。愿你永远保持一颗感恩的心。回家去吧，告诉你妈妈，这玉是我送给你的奖赏。”

许多时候我们不懂得感恩，认为许多幸福和美丽都是我们理应得到的东西。其实只有我们怀着感恩的心去面对他人、面对生活时，我们才会从中找到快乐，才会发现许许多多原本没有发现的美丽。

有个人在沙漠里迷了路，他饥渴难忍，在熬了几天几夜之后，已经濒临死亡。可他仍然拖着沉重的脚步，一步一步地向前走，终于找到了一间废弃的小屋。在屋前，他发现了一个汲水器，于是便用力抽水，可滴水全无。他气恼至极。忽又发现旁边有一个水壶，壶口被木塞塞住，壶上有一个纸条，上面写着:“你要先把这壶水灌到汲水器中，然后才能打水。但是，在你走之前一定要把水壶装满。”他小心翼翼地打开水壶塞，里面果然有一壶水。

这个人一时间犯了愁，不知该如何选择，是不是该按纸条上所说的，把这壶水倒进汲水器里？如果倒进去之后汲水器不出水，岂不白白浪费了这救命之水？相反，要是把这壶水喝下去就会保住自己的生命。一种奇妙的灵感给了他力量，他决心按照纸条上说的做，果然汲水器中涌出了泉水。

他痛痛快快地喝了个够!然后，把水壶装满水，塞上壶塞，在纸条上加了几句话:“请相信我，纸条上的话是真的，你只有懂得感恩、懂得回报，才能尝到甘甜的泉水。”

适时去赞美别人

古代的一个王府里有个极好的厨师，他的拿手好菜是红烧全鸭，深受王府里众人的喜爱，尤其是王爷，更是倍加赏识。不过，这个王爷从来没有给予过厨师任何鼓励，使得厨师整天闷闷不乐。

有一天，王府有客人从远方来，王爷在家设宴招待贵宾，点了数道菜，其中一道是王爷最爱吃的红烧全鸭。厨师奉命行事，然而，当王爷挟了一条鸭腿给客人后，却找不到另一条鸭腿，他便问身后的厨师说："另一条腿到哪里去了？"

厨师说："禀王爷，我们府里养的鸭子全都只有一条腿!"王爷感到诧异，但碍于客人在场，不便问个究竟。

饭后，王爷便跟着厨师到鸭笼去查个究竟。时值夜晚，鸭子正在睡觉，每只鸭子都只露出一条腿。厨师指着鸭子说："王爷您看，我们府里的鸭子不全都是只有一条腿吗？"

王爷听后，便大声拍掌，吵醒鸭子，鸭子当场被惊醒，都站了起来。王爷大笑说："鸭子不全是两条腿吗？"

厨师说："对!对!不过，只有鼓掌拍手，才会有两条腿呀!"

这个厨师是智慧的，他用这样一种委婉的方式，告诉王爷赞美对一个人有多重要。渴望得到赞美是每个人内心深处最迫切的需求之一，恰到好处地赞美别人，自然会得到别人的回应和赞美。刻薄者总是吝于称赞别人，即使他们非常清楚对方的成就，结果他们也同样难以获得别人的称赞。伏尔泰曾说："我们没有办法常常使人感到满足，但我们可以时常把话说得使人高兴。"反观那些拥有良好人际关系的人，因为总是慷慨大方、毫不迟疑地把称赞送给别人，所以他们也赢得了别人的称赞和尊重。

每个人都是上帝的杰作，此处有缺陷，就一定会在彼处弥补回来。人人都有优点，关键看你是否用心去发现。对于他人的优点，只要你用语言表达出你的赞美，那么就会给他无限动力，你也会同时得到他的感激。

曾经有个男人成功之后，在表彰大会上口若悬河地讲述自己奋斗的历程，无非都是勤奋、专心之类的话语。当他从台上走下来后，有个人跑过去，激动地问道："除此之外，您还有什么更好的经验吗？"这个男人扫视了一下四周，压低声音说道："要找个好老婆。"然后，他开始讲了他的"更好的经验"。他说他娶了一个好老婆，因为老婆是个很会赞美他的人，"我老婆很会欣赏我的优点，很会崇拜我，这让我找到自信。没有人不喜欢赞美，人的肯定来自于很多人的肯定，你想要别人赞美你，你也要去赞美别人。我老婆的优点就是会鼓励、赞美、肯定和欣赏我。”

赞美是一种有效的内在性激励，可以激发和保持被赞美者行动的主动性和积极性。人人都需要赞美，因此我们不能忽视赞美这一拉近人与人之间距离的有效武器。不要吝啬你的赞美，一个懂得赞美别人的人势必也会得到别人的认可。如果你有一双发现别人优点的眼睛，你有表达欣赏的意愿，你就可以表达你的赞美之意。你的心灵因为专注于美好的、积极的事物而变得纯净。何况，赞美还能让我们拥有一个良好的人际关系。

让自己有个好人缘

好人缘就如同夏日里的一把遮阳伞，能为我们挡住炎热；好人缘就如同冬日里的火炉，能给我们驱除严寒。

美国总统罗斯福的人缘一直不错，他是大家公认的一个善于和人交往的能手，在他早年时他的交际能力就已崭露头角。在早年还没有被选为总统的时候，有一次参加宴会，他看见席间坐着许多不认识的人。如何使这些陌生人都成为自己的朋友呢？他稍加思索，便想到了一个好办法。

他找到了自己熟悉的记者，从他那里把自己想认识的人的姓名、情况打听清楚，然后主动走上前去叫出他们的名字，谈一些他们感兴趣的事。

此举使罗斯福大获成功。后来，他运用这个方法为自己竞选总统赢得了众多的有力支持者。

人际关系无处不在、无时不有，它是一种十分微妙的东西，这种无形的关系已经完全渗透到社会的每一个角落之中，甚至已经渗透到了人的心灵深处，所以，它不但影响着个人的行为，而且也影响和决定着社会的存在，自然也就会影响和决定你的成败。要相信，只要我们拥有了完善的关系网，我们就是最后的赢家！

在现实生活中，我们经常看到一些人智力平平，却由于懂得如何为人处世，如何最有效地利用别人的力量为自己的事业发展服务，如何把握机遇、把有限的才智用在最该用的地方。因此，他们之中的一些人平步青云也就不难理解了。

赢得好人缘要有长远眼光，要在别人遇到困难时主动帮助，并且不计回报，日积月累，好人缘自然也就有了。在人情投资上，最忌讳的就是讲近利。讲近利就犹如人情买卖，就是一种变相的贿赂。

好人缘是一份无形资产。一个人如果只靠个人力量以求发展，则发展有限。我们常常说某人机遇好，运气好，遇上了贵人，其实这贵人就是他们的好人缘，一个人缘好的人自然结识各方人士，而这些人也就是他们的无形资产，在以后的发展中肯定会有所相助。多与各方朋友结缘，则发展的后劲没有止境。对于人缘的投资，就像存钱一样会在以后急需时作为备用。“纣有人亿万，为亿万心，武王有臣十人，惟一心。”武王之所以兴周，商纣之所以败亡，就在于有无这份无形资产。正所谓：“得天下者得其人也，得其人者得其心也，得其心者得其事也。”

朋友是另一种未来

古往今来，对于朋友有很多种诠释：俞伯牙高山流水的弹奏，只为了找到一个像钟子期那样心灵相通的知音；鲍叔牙不怀私心举荐管仲，只是因为两人肝胆相照，知人善任；范巨卿自杀身死以赴张元伯的鸡黍之约，只因为朋友之间，一诺千金……可以这样说，结交到一个好的朋友，就等于为自己打开了另外一扇未来的大门。

古人说“近朱者赤，近墨者黑”，在这方面，朋友之间相互的影响和作用尤为明显。结交什么样的朋友，就会有什么样的未来。

他是一位音乐爱好者，同时对天文学也满怀着兴趣，因此一有时间，他不是沉浸在自己喜欢的音乐里，就是捧着一副望远镜看着天空发呆。在其他同学的眼里，他是一个不善交际的人，也注定不会有朋友。

不过，实际情况并非如此，他有朋友，是一个比他低两年级的金发男孩。因为他父亲是图书管理员，金发男孩经常来找他，并通过他借一些最新的电脑书籍。

在借书还书的过程中，他喜欢上了那个金发男孩，于是经常跟他出入于学校的计算机房，并和金发男孩一起玩编程游戏。从“三连棋”一直玩到“登月”，临毕业时，他已经成为一个仅次于金发男孩的计算机高手。

1971年春天，他考入华盛顿州立大学，学习航天；第二年，那位金发男孩进了哈佛，学习法律。两人虽然不在一个学校，但彼此之间的联系从未中断过，金发男孩继续跟他借书，他继续跟他探讨编程的问题。

1974年寒假，他在《流行电子》杂志上看到一篇文章，是介绍世界第一台微型计算机的。这令他异常兴奋，记得还是在中学时，金发男孩就经常在他面前抱怨，计算机太笨重了，要是小到家里能放下就好了。

他拿着那本杂志去了哈佛，见到那位金发男孩，说：“能放在家里的计算机造出来了。”此时的金发男孩正为“是继续学法律，还是搞计算机”而苦恼，他一看到《流行电子》杂志上的那台所谓的家用电脑，便下定了决心，说：“你不要走了，我们一起干点正经事。”

他很高兴地同意了，在哈佛所在的城市——波士顿住了下来，并且一住就是8个星期。在这8个星期里，他和金发男孩没日没夜地工作，用Basic语言编了一套程序，这套程序可以装进那台名为Altair8008的家用电脑里，并且能像汽车制造厂的大型计算机一样工作。

当他们带着这套程序走进那家微型计算机生产厂家时，竟然得到一个意想不到的答复，给他们3000美元的基价，以后每出一份程序拷贝，付30美元的版税。两人喜出望外，从此再也没有回到学校。3个月后，一家名为微软的计算机软件开发公司在波士顿注册，总经理就是那个金发男孩——比尔·盖茨，副总经理就是他——保罗·艾伦。

现在微软公司已成为世界上的一个巨无霸，总经理已成为人所共知的世界首富。副总经理在总经理的巨大光环下，虽然有些暗淡，但在《福布斯》富豪榜上也名列前五位，个人资产达到210亿美元。

第六章 工作的幸福

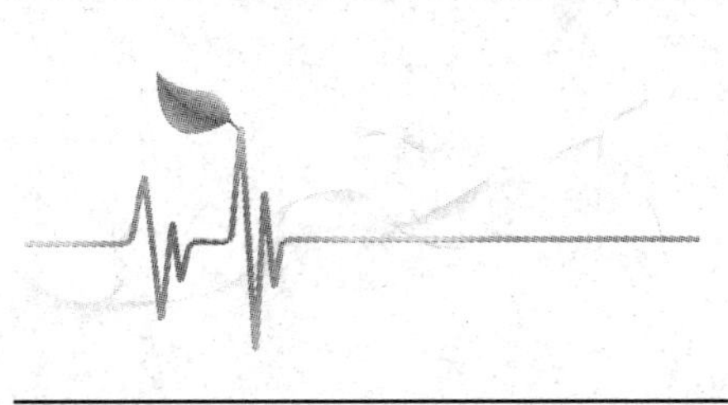

今天吃苦，是为了明天的幸福

在意大利的一个小村庄里生活着两个年轻人，一个叫布鲁诺，一个叫柏波罗，他们既是堂兄弟，也是最要好的朋友。两个人一直雄心勃勃，也一直在寻找着发财的机会。每当在一起的时候，两个人总会没完没了地谈论，在某一天抓住某个机会，两个人就可以成为村里最有钱的人。事实上确实也是如此，他们都聪明而能干，所缺少的也只是一个机会而已。

机会终于还是来了。一天，为了解决村民的用水问题，村里决定雇用两个人把附近河里的水运到村广场的蓄水池里去。村长找到了柏波罗和布鲁诺，决定把这份工作交给他们俩，并按每桶水1分钱付给他们报酬。两个人马上就答应了下来。第二天一大早，两人就各抓起两只水桶奔向河边，开始了工作。一天的劳累结束后，村广场的蓄水池里面装满了他们从河边打回来的水。

“我们终于有成为有钱人的希望了！”布鲁诺显得很高兴，大喊大叫着说，“简直难以置信，我们能有这么好的运气。”柏波罗却并不这样想。干了一天的活儿之后整个人都被累垮了，背又酸又痛，手也被那重重的水桶磨得起了泡。他害怕每天早上起床之后还要去做同样的活儿，并且一直做下去，直到老了做不动为止。他决定要想出一个更好的办法来，让自己脱离这种劳累的工作，还能赚到这份钱。忽然，他脑袋里闪过一个念头：可以把河里的水引到村子里来。

“布鲁诺，我有了一个好主意，”第二天一大早，在他们抓起水桶赶往河边的途中，柏波罗说道，“我们这样辛苦地来回提水，一桶水才能赚到1分钱，不如干脆修一条管道，把河水引进村子里去。”

布鲁诺听了很吃惊，睁大眼睛盯着柏波罗。

“修一条管道？你怎么能想出这样的事？”布鲁诺大声叫嚷道，“柏波罗，我们现在做的是全镇最好的工作。我们一天可以提200桶水，就能赚两元钱！一个星期之后，我们就可以一人买一双新鞋。6个月之后，我们就可以拥有自己的新房子了。我们已经是富人了，为什么还要去修什么管道呢？”

柏波罗不是一个轻易就会改变主意的人，只要决定了，他就决不会动摇。他耐心地向布鲁诺解释一番之后，见对方并不同意，便决定即使是自己一个人干，也要把这个计划实现。他将白天的一部分时间用来提水，剩下的时间以及周末都用来建造管道。他心里很清楚，要想在像岩石般坚硬的土壤中挖出一条管道来，是一件多么艰难的事。另外这条管道要一两年才能完成，而他的薪酬是根据运水的桶数来支付的，他知道在这段时间里自己的收入会下降。但这对柏波罗并不会造成打击，他坚信自己的梦想会实现，而且他正在全力以赴地做。

没过多久，村子里就流传出了有关柏波罗的笑话，布鲁诺和其他村民还称他为“管道建造者柏波罗”。布鲁诺挣到的钱要比柏波罗多出一倍，于是他买了一头毛驴，并给它配上了一套全新的皮鞍，拴在他新盖的两层楼旁，他经常以此向柏波罗炫耀。

他常常去酒吧喝酒，喝得高兴时还掏钱请大家。村民们都尊称他为布鲁诺先生，每次都因他讲的笑话而大声地笑。当布鲁诺在酒馆里开心地和人们聊天或悠然自得地躺在吊床上时，柏波罗仍在挖着他的管道。头几个月里，柏波罗尽管工作得很辛苦，但付出的努力却没有多大的进展。可柏波罗并没有因此退缩，他不断提醒自己：今天吃苦，就是为了明天不再吃同样的苦。

时间一天一天地过去了。大约在一年多之后，柏波罗的管道已经完成了一半，这也就是说，他提水时只需走一半的路程了。多余出来的时间，柏波罗都用来建造管道。终于，完工的日期越来越近。

由于长时间弯着腰挑水，布鲁诺的背驼得越来越厉害，步伐也变得缓慢了，而且总是一副闷闷不乐的样子，好像是在为他自己注定一辈子要运水而愤恨。

管道完工的时刻终于来到了！村民们簇拥着跑到广场上，看着水从管道中汹涌地流到水槽里！村子里有了源源不断的新鲜水，这如同一块磁石一样，强烈地吸引着附近其他村子里的人，他们纷纷搬到这个村子里居住，这个村子因此发展和繁荣起来了。

管道完工之后，柏波罗就再也不用提水了。无论他是否工作，水都一直源源不断地流入。他吃饭时，水在流入；他睡觉时，水在流入；当他周末去玩时，水还在流入。流入村子里的水越多，流入柏波罗口袋里的钱也就越多。而布鲁诺，因为找不到合适的工作，只能待在家里借酒消愁。

也许你现在的工作很劳累，而且还不见有什么成效，但请你一定要记住，今天多吃些苦，只是为了明天不再吃同样的苦。如果正在从事的是一个很有前途的职业，请坚持下去，就像柏波罗挖他的管道一样。

正确对待金钱

很大一部分人认为：工作的目的就是为了钱，就是为了得到升迁，从而可以赚更多的钱。诚然，在这个世界上没有钱是万万不能的，可金钱却也不是万能的。首先，不说它买不回我们流逝的岁月，买不回我们丢失的健康，买不来我们前方的风和日丽，甚至我们现在急需的快乐和幸福它都无能为力。

现实当中有很多这样的人，他们有车、有房、有正常的收入，可是他们一样不快乐，还在为钱而困惑，这是为什么呢？其实最主要的一个原因是他们没有真正地去认识金钱。他们同那些害怕失去工作、害怕付不起账单、害怕遭到天灾、害怕没有足够的钱、害怕挨饿、期望得到一份稳定的工作而学习某种专业技能或做生意，拼命为钱而工作的人一样，最终都成了金钱的奴隶。

约翰·D·洛克菲勒是美国商业史上第一个亿万富翁。洛克菲勒出身贫寒，却雄心勃勃，成为当时世界上最富有的人。他开创了史无前例的联合企业——托拉斯，这个极易聚集财富的结构，使标准石油公司两年后成为全世界最大的石油集团企业，洛克菲勒本人也成了蜚声海内外的“石油大王”。洛克菲勒说：“如果把我剥得一文不名丢在沙漠的中央，只要有一支驼队经过，我就可以重建整个王朝。”

下面我给大家摘抄的，是洛克菲勒给他的儿子小约翰·洛克菲勒的私人信札，它能帮我们树立一个正确的金钱观。

亲爱的小约翰：

我很想与你谈谈关于金钱的一点看法。我认识许多人，他们对待金钱的态度有很大的差别。我曾经和那些街头流浪汉一起喝最便宜的酒，他们把仅有的钞票揉成一团塞在裤子口袋里；我也曾和那些证券经纪人聊天到深夜，他们操纵着大量的财富，可却从来不去碰一便士现金或硬币；我也见过有些有钱人不肯轻易拿出一枚铜板，因为害怕这会让自己变穷；我也见过慷慨的富人、犯罪的穷人，见过妓女也见过圣徒。

所有这些人都有一个共同点：他们处理金钱的方法是他们对金钱的认识结果，而不在于他们拥有金钱的数量。从最基本的层次上讲，金钱是一个冷酷无情的事实——你要么有钱，要么没钱。不过从感情和心理的角度上讲，它绝对是虚幻的。你可以把它塑造成自己想要的样子。如果你是个守财奴，你将不会快乐，因为贪财的人不能承受损失。金钱总是来来去去，这是它作为交换基本的特性。守财奴却无法容忍钱财的流失；而那些慷慨的人，即使当他们贫穷时，内心也是富裕的，因为他们看到了钱财散去有益的一面。他们的慷慨常常会点燃与他人分享的火花，钱财的流失成了一种使大家都能从中受益的共同礼物。

那些大方的人愿意看到钱财从他们手中流出，因此也容易理解关于金钱的另外准则：有时为了前进，你必须损失钱财。那些拒绝做任何赔本生意的人，总被他们渴望获胜的心理压得喘不过气来。这样也许他们付出的代价太过昂贵，在他们购买后，这个世界又发生了变化。无论如何，拒绝在任何交易中有所损失的人们，常常会陷入故步自封的陷阱而不能自拔。有时前进的需要比拿出自己最后一个铜板更为重要，有时值得我们倾囊而出。

我并不计较你是否能对金钱达到禅宗式的明确态度。我只想告诉你；金钱是流动的、虚无的，生不带来、死不带去。如果你坚持认为钱财只能增多不能减少，你就是在和诸如呼吸、来去这些自然规律唱反调。经过你手中的钱财可能还会回来，也可能流向他人，可不论怎样，生活还得继续，还有更值得我们注意和关心的事情在前头。

如果你坚持认为金钱最重要，这里有一条重要准则：金钱具有某种特性，我称之为“特种辨认性”。它可以进行自我辨认，赚硬币的人损失硬币，赚钞票的人损失钞票，赚大钱的人损失大钱。

如果你真的想赚钱，你就必须置身于你的同类人当中。通常讲百万富翁是怎样从一厘一毫的积累的恐惧之中走出来的，这种生活毫无意义；如果你想成为百万富翁，最好学着加入他们的世界，了解他们的规则和技巧，然后将你的才能运用到如何与他们共事上。那些赚几张钞票的人固然聪明，但在不同的舞台上，金钱可以成倍地增长，他们的才智能获得的回报也更多。

因此，如果你想要赚钱，你就要接近金钱，它总是在属于自己的地方出现。你要靠近它，它才会靠近你。但不管你选择哪种方法处理钱财，都要铭记这条真理：有多少钱并不重要，重要的是你怎样运用它。

从老洛克菲勒给自己儿子的这封信中，我们可以清晰地看到：金钱，它只不过是一种商品，一种双方都认可的交易之物。若我们为了得到这些用于交换的东西，而竭尽自己的全力、殚尽自己的才智，会不会有一种用杀牛刀去宰一只鸡的感觉？今天我们拥有的这些东西或许还可以称之为财富，明天它可能就一文不值了，就是拿去当柴火烧，还嫌它冒的烟太过于浓烈了，还不暖家。

请记住，我们之所以活着，是为了让生活更美好，是为了让自己更幸福快乐，所以，不要被一些阻碍我们得到幸福快乐的东西羁绊住。

肯定自己的价值

在一次演讲会上，一个著名的演说家信步走上讲台。他一句话也没说，只是在手里高举着一张崭新的100美元的钞票。

台下坐着的人感觉很意外，都不禁露出了惊讶的表情。只听他开口问道："谁想要这100美元？"

随着他的话音落下，一只只手举了起来。

他接着说："我想把这100美元送给你们当中的一位，但在这之前，请准许我做一件事。"说着话，他将钞票揉成了一团，然后又把它举在手中问："现在谁还要呢？"

他刚说完，就见又有人举起手来。

他并没有马上将钞票送递过去，而是接着又说："那么，假如我这样做又会怎么样呢？"说着他把钞票放到地上，然后用脚踩来踩去，一直踩到它变得面目全非为止。最后，他拾起那张又脏又皱的钞票，拿在手里继续问："现在还有人要吗？"

仍然有人高高地举起手来。此时，台下的人开始交头接耳起来，都不明白演说家此举是何用意。

演说家在台上眼角含笑地望着大家，说："朋友们，你们都很棒。你们刚才上了一堂十分有意义的课。你们已经看到，不管我怎么对这张钞票，大家还是想得到它。因为在我们的眼中，它始终是100块钱，它是有价值的。我们的人生也如这张钞票，在通往成功的路上，我们会无数次被困难击倒，甚至碾得粉身碎骨。许多时候我们更觉得自己毫无用处。但无论发生什么，或将要发生什么，在上帝的眼中，我们都是他最得意的杰作，我们因此也都有自己的价值。在上帝看来：肮脏与否，新旧与否，都不能磨灭你是杰作的特性。"

很多人往往自己贬低了自己的价值，一旦遇到困难便觉得自己力量太渺小，觉得没有希望走出困境。其实，我们力量的大小不是取决于困难的大小，而是取决于我们内心里信心的强弱。人生最大的悲哀莫过于看不到自身的价值，许多人谈论某位企业家、某位世界冠军、某位电影明星时，总是赞不绝口，可是一联系到自己，便一声长叹："我不是成材的料！""我没有那个命啊！"他们认为自己没有出息，不会有出人头地的机会，理由是："生来比别人笨""没有高学历文凭""缺乏可依赖的社会关系""没有好的运气"等等。其实，这些都不是最主要的，正如这个著名的演说家所阐述的一样，我们必须明白这样一个道理：我们每个人都是有自身价值的，我们每个人都是上帝手里的杰作，我们生命的价值不是取决于外界的情况如何，而是取决于我们自身！因此，我们每个人也都不应该看不起自己。就像那张被演说家百般揉搓的钞票一样，不管经历多少艰难险阻的境况、多少风雨如晦的日子，只要我们用肯定的眼光看待自己，肯定自己的价值，我们就能让自己的工作很出色，就能让自己的人生很出色。

做一个不可替代的人

一天，主人在两辆马车上装满了货物，并分别让两匹马各拉一辆车。在路上，一匹马总是磨磨蹭蹭、走走停停，以至于被远远地落在了后面。无奈之下，主人只好把所有的货物都搬到前面的马车上。那匹马见自己车上的货物没有了，就步履轻快地前进起来，还对另一匹马说："你就傻乎乎地干吧，总有一天累死你！"

等到达目的地以后，有人对主人说："既然你只用一匹马来拉车，就没必要养两匹马，不如只喂养那匹拉车的马，把另一匹宰掉，起码还能得一张皮呢！"主人听了之后，觉得他说的很对，就真的把那匹马杀掉了。

现实生活中就是这样，懒惰是必定会受到惩罚的。如果你因为偷懒而逃避工作，那就是在向众人证明一件事：这份工作中你是一个可有可无的人。一旦让别人对你有了这样的认识，那么离你失去这份工作的时间已经不远了。

《圣经》中记载着这样一则故事：有一个严厉的主人将要

远行，临行前他将仆人们叫到跟前，按照各人的才干给了他们一笔银子，分别是5000塔拉(古犹太银币单位)、2000塔拉和1000塔拉，随后主人便游历去了。

那个领了5000塔拉的仆人用这笔钱拿去做买卖，赚了5000塔拉；那个领了2000塔拉的也同样赚了2000塔拉。那个领了1000塔拉的仆人却挖了个洞，把钱藏了起来。主人回来后，那个领了5000塔拉的仆人带着赚来的5000塔拉对他的主人说："主人，您交给我5000塔拉，请看我又赚了5000塔拉。"主人非常高兴，让他坐下一同饮酒。那个领了2000塔拉的仆人也同样献上赚来的钱，获得了主人的嘉许。最后的那个仆人上前说："主人啊，我知道您向来严厉，我害怕把您让我保存的钱给弄丢了，所以我把您交给我的那1000塔拉埋藏在地窖里了。请看，您原来的钱原封不动都在这里，分毫不差。"

主人大怒："你这又笨又懒的蠢材，既然知道我的严厉，至少你也应当把我的银币放到钱庄里，那样至少等我回来时还可以连本带利收回来，你怎么愚蠢到把这些钱埋藏到地下！"主人气愤地吩咐左右夺过这个仆人手中的1000塔拉，交给了那个有1万塔拉的仆人。

有人觉得工作辛苦，于是希望尽快把工作做完，这样也好有个交代。可是这样一来，你不但做不出什么成绩，更会因此而失去现在拥有的这份工作。事情就是这样，无足轻重的结果只能是被淘汰。只有在工作中不可替代的人，才能摆脱被淘汰的命运，而要成为这样的人，就必须把全部身心都投入到工作当中。

幸福不会不劳而获

古时候，有一位英明的国王，他爱民如子，人民也在他的领导下过着丰衣足食、安居乐业的生活。

可是随着国王一天天老去，他开始为一件事担心，就是怕自己死了之后，人民不能再像现在一样过着幸福的生活，怎么办呢？一天，他把全国的有识之士都召集了起来，让他们找寻出一个能确保人民生活幸福的永世法则。

3个月后，学者们呈给国王3本6寸厚的帛书，并且说："尊敬的国王陛下，这3本书囊括了天下的知识，只要人民能够把它读完，就能世代无忧无虑地生活下去了。"

国王看了看那3本厚厚的书，很不以为然，因为他知道，人民是不会花那么多的时间看完这些书的。他让这些学者继续钻研。4个月后，学者们把3本书精简成1本，可是给国王看了之后，还是不满意。2个月后，学者们呈给国王一张纸，国王在看了这张纸之后，非常满意，说："很好，只要我的人民日后都真正地奉行这宝贵的智慧，我相信他们一定能过上富裕幸福的生活。”原来，这张纸上只寥寥写着一句话：天下没有免费的午餐。

每一个人都希望自己能过上富裕幸福的生活，可是有相当大的一部分人却从来不知脚踏实地去为之努力，而是把这个目标的实现建立在一些不切实际的想象中，比如幻想着自己有一天可以一夜暴富，从此过上梦想中的生活。也正是因为此，他们抱着取巧或碰运气的心态，把时间都花在了买彩票或赌桌上。他们认为懒惰是一种幸福，勤劳是对人的一种惩罚，他们看不起那些整日里辛苦工作的人，认为那些人都是在糟蹋时间。可他们最终的结果，不是在等待中虚度人生，就是在愁苦中以终老，而他们想过的那种幸福生活，一直都仅仅是折射在眼睛里的海市蜃楼。

任何幸福生活的获取都是极其艰难的，都要为之付出相应的努力。要想有所收获，就必定要有所付出，就像有耕耘才会有收获一样。其实，没有任何一种幸福生活的获得是不需要劳动的，因为辛勤劳动的本身就是创造幸福的不竭源泉。

彼得·弗雷特像很多人一样，抱着淘金的梦想来到了萨文河畔。他首先在河床附近买了一块没人要的土地，一个人默默地开始了工作。为了找到金子，他在这块土地上埋头苦干了几个月，直到土地全变成坑坑洼洼，还是连一丁点金子都没见到。他已经把所有的钱都投在这块土地上，现在连买面包的钱都没有了。万般无奈之下，他决定离开这儿到别处去谋生。

就在他准备离开的前一个晚上，半夜突然下起了倾盆大雨。

雨一直下了三天三夜，当第四天彼得走出小木屋，发现原本坑坑洼洼的土地已经被大水冲刷平整，而且上面还长出了一层绿茸茸的小草。

彼得忽然有所触动，他想："虽然没有找到金子，但这块肥沃的土地却可以用来种花，然后把花拿到镇上去卖，一定会有人买些去装扮他们的家园……"

于是，彼得又决定不走了。

不久，经过彼得的辛勤劳作，那块地里长满了美丽娇艳的各色鲜花。他把它们拿到镇上去卖，果然大受欢迎，人们一个劲儿地称赞："瞧，多美的花，我们从没见过这么美丽的花！"

彼得用很低的价格把花卖给了人们，因此买花的人越来越多。

5年后，经过辛勤的劳动，彼得终于实现了自己的梦想——成了一个富翁。

天道酬勤

韦尔奇说："勤奋就是财富，勤劳就是幸福。谁能珍惜点滴时间，就像一颗颗种子不断地从大地母亲那儿吸取营养，惜分惜秒，积累点滴，谁就能成就大业，铸造辉煌。"

成功来之于勤奋。人生的许多财富，都是平凡的人们经过自己的不断努力而取得的。周而复始的日常生活，尽管有种种牵累、困难和应尽的职责、义务，但它仍能使人们获得种种最美好的人生经验。对那些执着地开辟新路的人而言，生活总会给他们提供足够的努力机会和不断进步的空间。人类的幸福就在于：沿着已有的道路不断开拓进取、永不停息。那些最能持之以恒、忘我工作的人，往往是最成功的。

人们总是责怪命运的盲目性，其实命运本身远不如人那么具有盲目性。了解实际生活的人都知道：天道酬勤，财富掌握在那些勤勤恳恳工作的人手中。人类历史的研究表明，在获得巨大财富的过程中，一些最普通的品格，如公共意识、注意力、专心致志、持之以恒等等，往往起着很大的作用。即使是盖世天才也不能小视这些品质的巨大作用，一般人就更不用说了。事实上，那些真正的天才恰恰相信常人的智慧与毅力的作用，而不相信什么天才。甚至有人把天才定义为公共意识升华的结果。波思认为："天才就是勤劳。"

曾经有记者询问过李嘉诚的推销诀窍。李嘉诚不予正面回答，却讲了一个故事。

日本"推销之神"原一平在69岁时的一次演讲会上，当有人问他推销成功的秘诀时，他当场脱掉鞋袜，将提问者请上台说："请您摸摸我的脚板。"

提问者摸了摸，十分惊讶地说："您脚底的老茧好厚哇！"

原一平接过话头说："因为我走的路比别人多，跑得比别人勤，所以脚茧特别厚。"

提问者略一沉思，顿然感悟。

李嘉诚讲完故事后，微笑着自谦地对记者说："我没有资格让你来摸我的脚底，但我可以告诉你，我脚底的老茧也很厚。"

当年，李嘉诚每天都要背着一个装有样品的大包从坚尼地城出发，马不停蹄地走街串巷，从西营盘到上环到中环，然后坐轮渡到九龙半岛的尖沙咀、油麻地。

李嘉诚说："别人做8个小时，我就做16个小时，开初别无他法，只能将勤补拙。"

李嘉诚早先在茶楼当跑堂，拎着大茶壶，一天10多个小时来回跑。后来当推销员，依然是背着大包一天走10多个小时的路。

李嘉诚也好，原一平也罢，但他们脚板上的老茧分明写着同样的一个字：勤！

没有人能只依靠天分成功。爱因斯坦也认为："所谓天才，就是百分之九十九的勤奋，加上百分之一的机会。"著名数学家华罗庚也这样说过："我不否认人有天资的差别，但根本的问题是勤奋。我小时候念书时，家里人说我笨，老师也说我没有学数学的才能。这对我来说，不是坏事，反而是好事，我知道自己不行，就更加努力。经常反问自己：'我努力得够不够？'"

勤奋是一种重要的美德。在工作中，只有坚持勤奋这种美德，才能有机会在自己的岗位上一展拳脚，才能在自己的本职工作中有所突破，才能让自己更上一个台阶。同样，只要你永远保持勤奋的工作状态，你就会得到他人的认可和称赞，同时也会脱颖而出，并得到成功的机会。

工作也需要奉献

在古老的欧洲，有一个人在死后，发现自己来到一个美妙而又能享受一切的地方。他刚踏进那片乐土，就有个看似侍者模样的人走过来问他："先生，您有什么需要吗？在这城里您可以拥有一切您希望得到的：所有的美味佳肴，所有可能的娱乐以及各式各样的消遣，其中不乏妙龄美女，您都可以尽情享用。"

这个人听了以后，感到有些惊奇，他暗自窃喜：这不正是我在人世间的梦想嘛！一整天他都在品尝所有的佳肴美食，同时尽享一切美好。

然而，有一天，他却对这一切感到索然乏味了，于是他就对侍者说："我对这一切感到厌烦，我需要做一些事情。你可以给我找一份工作做吗？这些不经付出的享受简直索然无味。"

他没想到，他所得到的回答却是摇头，侍者说："很抱歉，我的先生，这是我们这里唯一不能为您做的。我们没有工作可以给您。"

这个人非常沮丧，愤怒地挥动着手说："这真是太讨厌了！那我干脆就留在地狱好了！""您认为，您在什么地方呢？"侍者温和地说。

这则不乏幽默而又充满哲理的寓言，向我们阐述了这样一个道理：奉献本身就是一种快乐，失去奉献的义务也就同时失去了快乐。就像这个可怜的人，尚不知自己身在地狱。

露丝·斯塔福德·皮尔女士提示了人们一个最简单的道理：奉献精神是人之所以为人的根本。她也对奉献做了这样的定义："奉献是以你拥有的东西，无论是时间还是资源，去为他人的利益服务。这种给予是人类特有的，最可靠的，它是以精神为动力的。"

人世间是有公道的，必要的付出终究会有一定的回报。在工作中，倘若你为公司奉献出你的兴趣、你的爱、你的想象力及创造力，那么，你便能够化不利条件为有利条件。"少种的少收，多种的多收。"纵览各国的典籍及俗语，我们得到了一个在奉献与发展中的共同点，事实上，成功之路有一条基本的法则就是：奉献，然后才能更好。只有播种，然后才会有收获。

不管我们眼下做哪一种工作，我们都可以通过比别人要求的做得更多——通过奉献自己，最大限度地体现自身价值最大化，并增强我们的道德意识。要走向成功，关键的一点就是要认识到：成功并非是由更多的获得取得的，而是由更多的奉献取得！只有将注意力放在我们能够为他人做什么，而不是向他人索取什么上，我们才会一步步地走向成功。也只有怀着这种认识投入到工作中，我们才会把自己全部的精力用在工作上，充分地发挥自己的聪明才智。当你为公司奉献了你的全部精力，当你为工作上取得的成就而欢欣，当他人向你取得的成绩表示赞美时，无形的酬报便成了你的回报。这种无形的酬报，包括个人能力的提升及你所获得的名望，而这并不是物质方面能够给予的。

正如耶稣曾对他的信徒说过的那样——“你们要给人，就必有给你们的。并且用十足的升斗连摇带按，上尖下流地倒在你们怀里。因为，你们用什么量器给人，人也必用什么量器给你们。”

别让机会轻易溜走

因为每个人性格、知识、环境的不同，所得到的机会也会不尽相同，且有多有少。可无一例外的，就是人人都会有获得成功的机会。也许你的机会少，但这并不代表你不能成功。那些成功的人士，也就是由于善于把握来之不易的一次机会。

关键在于，当机会到来的时候，你是否有足够的准备。你是已经披挂整齐、跃跃欲试，还是仍咂着嘴唇躺在酣畅的睡梦里。机会在人的一生中，不会像太阳一样，东升西落之后明天还会从东方再升起来。

试问一下自己：对于机会的到来，你是否已经有了足够的准备去迎接它呢？

对于这个问题的回答，肯定会有很多种。这其中，有两类人是把握不住机会的。第一类人说："我没有成功是因为一直没有机会。"另一类人则坦诚地告诉你："我从来不善于把握机会。"第一类人，根本没有意识到自己浪费了机会，一直傻傻地等待机会降临到他的身上，却忽略了身边有很多东西都是可以把握的。其实，机会很多时候就是在你不经意间悄悄地来，它不会敲锣打鼓地告诉你它来了，这就需要你有敏锐的洞察力和判断力。第二类人，虽然认识到了自己的缺点，但是由于主观原因，如性格等方面的因素，只能眼睁睁地看着机会溜走。当然，我们不否认，是否能把握住机会，也会受到客观条件的影响。但是，最起码我们要从自身角度来重视起这个问题，排除一系列自身的因素，迎接机会。

数学家华罗庚说过："机会只给那些有素养的人，给那些善于独立思考的人，给那些具有锲而不舍精神的人，而不会给懒汉。"生理学家贝弗里奇也说："机遇只偏爱那些有准备的头脑。"

有一个医学院毕业的年轻人，顺利地找到了一家大医院实习，而且认识了一位非常有名的外科大夫，年轻人早就仰慕这位医师的医术，于是有一天，他问医师："我能看您做手术吗？"

医师看了他一眼，说："可以，明早7点半，我有一个手术。"

年轻人迟疑了一下，因为他通常早上起得比较晚，7点半对他来说有些早，不过他还是对医师点了点头。第二天，年轻人很守信，准时到了手术室。手术完后，他对医师赞不绝口，并表示想做医师的学生。医师答应了他的请求，他非常高兴地说："希望有一天我也能像您一样成为一名出色的外科大夫。"这样，他后来又去了几次。

可是有一天，他没有按时到手术室，医师做完手术走进办公室，发现他坐在那里。

“你去了哪里？”

“我睡过头了，起来一看，已经晚了。”他回答说。

“下次一定注意。”医师说道。

“好的。”

可是，一连几次，他都没有来，医师再次碰见他的时候，他问医师：“您下午有没有手术，如果有，下午我比较方便一些。”

“对不起，我总在早上做手术。我要挑病人最好的状态，早晨刚醒是最好的时间。”

“哦……”

这之后，他再也没有出现在医师的手术室里。

作为一名实习医生，能和一位自己早就仰慕的著名医师学习，他也知道这是一个很好的机会。可他却改不了自己爱睡懒觉的习惯，也不能为病人设身处地地着想，于是，机会就这样悄悄地溜走了。

保持冒险精神

一个灵魂即将去投胎转世，他要求上帝派给他一个最好的“形象”。

上帝说：“你做人好吗？”

“做人有风险吗？”灵魂问。

“有，钩心斗角、残杀、诽谤、夭折、瘟疫……”上帝回答。

“那换一个吧！”

“那就做牛吧！”

“做牛有风险吗？”

“有，受鞭笞，被宰杀……”上帝又回答。

他又要求换一个。

上帝让他去做老虎，但老虎也有被猎人捕杀的风险。上帝再让他去做一棵植物，但植物也难逃被动物吃掉的风险。

最后，实在换无可换了，这个灵魂就对上帝说：“啊，恕我斗胆，看来只有您上帝没风险了，我留下，在您身边做您的随从吧！”

上帝轻哼了一声：“你觉得我就没有风险吗？我也有风险，人世间难免有冤情，我也难免被人责骂……”说着，上帝顺手扯过一张鼠皮，包裹了这个灵魂，推下界去，说：“去吧，你做它正合适。”

这个挑三拣四的灵魂，不但没做成人，而且也没做成老虎，只落得个做老鼠的下场。做老鼠就能如他所愿般没有风险吗？当然不是了，老鼠时刻都得提防猫的追捕，甚至在偷吃粮食的时候也得加倍小心，说不定里面就掺杂着夺命的药呢！这个灵魂不但没有得偿所愿，反而是做了一个整日整夜都要提心吊胆的老鼠。上帝如此的安排，也是在告诉我们：世界上任何事物的存在，都是逃脱不了风险的，就连万能的上帝也不例外。从这个意义上说，作为人类的我们，无论去做什么样的事情，在追求成功的路上都难免有失败的风险。可我们又不能因为害怕失败就什么也不去做，那样我们和寄生虫就没一点儿区别了。这个时候，就需要我们有经得起风雨吹打的准备。我们要在心里告诉自己：即便是条条大路通罗马，可也没有哪一条路上始终是风和日丽的。

风险无处不在。做任何一件事，做任何一个判断，都有可能面临巨大的风险。世界上没有万无一失的保险箱，也没有任何人可以保证对某一项工作有百分之百的把握。

深海中，龙虾正在把硬壳脱掉，露出了自己娇嫩的身躯，这时寄居蟹正从它身边经过。寄居蟹非常惊讶地说：“哎呀，你怎么可以把唯一保护自己身躯的硬壳扔掉呢？你不怕大鱼一口把你吃掉吗？你现在的情况很危险，连急流也会把你冲到岩石里去，你最好还是把硬壳穿上吧！”

龙虾气定神闲地对寄居蟹说：“你不了解，我们必须先脱掉以前的旧壳，才能生长出更坚硬无比的新外壳，也才能成长。现在面对危险，是为了将来发展得更好而做好准备。”

寄居蟹听了龙虾的话，不禁低头沉思：自己每天辛辛苦苦寻找可以避居的地方，从来没有考虑过如何使自己成长得更强壮，整天只是生活在别人的保护之下，一直都在限制自己的发展。

不敢冒险只能束缚了自己成长的手脚，同样也限制了自己走向成功的步伐，使自己困在安逸的小窝，不敢向辽阔的外界挺进。这样一来，即使你有多么强大的能力都永不会成功，甚至还会成为别人踩踏的阶梯。

世界上总要有第一个吃螃蟹的人，任何看似冒险的行动其实都蕴藏着巨大的成功因素。大胆的冒险之心，对于成功来说是不可缺少的。其实，人生中原本就没有毫无风险的坦途，人生路上时刻充满了风险，如果没有面对风险的勇气，而总是退缩、逃避，这样的人还谈何征服困难，创造辉煌呢？你只有勇敢地拿起你的刀斧，不断地披荆斩棘，才能在人生这条路上勇往直前，才不会让你的生命停滞不前、庸庸碌碌。

磨炼是必要的

跳蚤是个不知失败为何物的“超人”，它的弹跳力很强，跳得很高也很快，一分钟可以跳几百下，而且一开始没有跳到预定目标的话，它会一直跳下去，直到跳到目的地才肯罢手。在他的心里，只有目标。至于为了实现这个目标而遭遇的挫折，那它的信条就是：失败了，从头再来过。

小小的跳蚤，它之所以能够跳得那么高，是因为经受了无数次的失败。没有失败就没有成功，这一点跳蚤以它顽强的意志力给了我们最好的证明。然而，有些人一遇到失败，便一蹶不振，甚至在失败后不再有奋起的勇气，有一个生物实验很好地说明了这个道理：

生物学家把一条鲮鱼和一条鲦鱼同时放进一个玻璃器皿中，然后用玻璃板把它们俩隔开。刚开始时，鲮鱼看到鲦鱼这个美食，就兴奋地朝鲦鱼进攻，可每一次它都“咣”的一声撞在了玻璃板上，撞得晕头转向。

就这样，鲮鱼碰了十几次壁后，它显得非常沮丧。后来，生物学家把玻璃板抽去，而鲮鱼对近在眼前的鲦鱼却视若无睹了。即使把肥美的鲦鱼一次次地送到它嘴边，它都不再向鲦鱼进攻，此时的它已经没有了进攻的欲望和信心。

几天后，鲦鱼因为有生物学家供给的饲料依旧自在地畅游着，而鲮鱼却已翻起雪白的肚皮漂浮在水面上了。

屡屡碰壁的鲮鱼在一次次失败后，再也没有勇气向猎物进攻了。它消极地吸取教训，被十几次的碰壁挫败，从而在头脑里形成了固定的思维模式。这个思维模式是百害而无一利的，最后鲮鱼被这样的一种思维模式害得只能翻起雪白的肚皮，饿死在那个玻璃器皿中。

在我们人生的路上，多少人也在重复着鲮鱼的“错误”。一开始，他们往往也有着强大的决心和信心，在碰到挫折时也会尽力去克服，但“进攻”了几次之后，发现没有一点进展，就如“霜打的茄子——蔫了”。

其实，任何一个人成功的取得，都不可能是一帆风顺的。对于一个渴望成功的人来说，失败是十分正常的事情，颓废是可耻的，重复失败则是灾难性的。我们只有以一颗正常的心态来接受失败，并及时而准确地分析和总结经验教训，避免在继续前进的征途上再犯一样的错误。这个时候，失败对于我们已经不再是一种挫折和打击，它反而让我们能更准确地面对和把握成功的意义。成功是一连串的奋斗，是屡败屡战之后的一种必然结果。明白了这一点，成功离我们也就不远了。

《兄弟》杂志上讲述过这样一个有关于失败者的故事：这个被人称为“世界上最伟大的失败者”，他为了实现自己的目标经历了无数次的失败。后来他只成功了一次，而就是这一次不但成就了他自己的伟业，也成就了千百万美国人的幸福。

他出生于贫苦家庭；他债台高筑；他满口乡音；他相貌丑陋。31岁时他开始经商，却弄得倾家荡产；32岁参加竞选，失败；34岁再次参加竞选，又失败；41岁竞选议员失败；43岁竞选议员失败；46岁竞选议员失败；48岁竞选议员失败；53岁又去竞选议员，还是失败；55岁竞选参议员，最终也难逃失败的命运。

他就是美国第六任总统，亚伯拉罕·林肯先生。

就是这位著名的失败者解放了黑奴，颁布了《宅地法》，成为倍受百姓爱戴的总统。他有一句名言这样说道:成功，就是屡遭失败而不倒。

尊重自己的工作

歌星黎明的车半路出了故障，于是便把车开到了检修站。为他的车子进行修理的人，是一个年轻俊美的女士。她的美貌一下子吸引住了他。这个姑娘仿佛并不认识这个大名鼎鼎的明星似的，没有表示出丝毫的惊讶和兴奋。

这让黎明很费解，因为无论到哪里，总有那么多人抢着和他要签名。于是他忍不住问道："您喜欢听歌吗？"

"当然喜欢了，我简直可以说是个货真价实的歌迷。"女孩回答说。

这个漂亮女士的修车技术如此娴熟，以至于半小时不到，她就把车修好了。

可是，黎明并没有马上离开，他依然不死心，还是希望这个女孩能认出自己来。最后，女孩说："您可以开车走了，先生。"

他依旧不死心："小姐，您可以陪我去兜兜风吗？"

“不，先生，我还有自己的工作。”

“这同样是您的工作。您修的车，难道不需要亲自检查一下吗？”

“好吧，那是您开还是我来开？”

“我来开好了，毕竟是我邀请您的嘛。”

车跑得很好。姑娘说：“看来没有什么问题，请让我下车吧。”

“怎么，您不想陪我再转转吗？我再问您一遍，您喜欢听歌吗？”

“我回答过了，喜欢，而且还是个歌迷。”

“那您不认识我？”

“怎么不认识，您一来我就认出，您是黎明啊！”

“那您为什么对待我如此冷淡？”

“您说错了，我这样不是冷淡。您在唱歌方面有自己的成绩，我在修车方面也有自己的工作。您今天到我这里来修车，就是我的顾客，我就得像对待别的顾客一样地来接待您；将来如果您不唱歌了，再来修车，我也会像今天一样为您服务。人与人之间就应该是这样吧？”

他沉默了。这个普通女工并不普通的言语，使他感觉到了自己的狂妄和肤浅。

“谢谢您！这是使我最受教育的一次谈话。现在，请允许我送您回去。我还会来麻烦您的，当我的车子再坏了的时候。”

尽管不同的人所取得的成绩不一样，但是有一点却是共同的，那就是：人生而平等。我们没有必要向比我们有钱、比我们有权势、比我们有名望的人献媚，因为我们现在所从事的这份工作也有其不可或缺的价值。

每一个人对待工作都应该有这个态度，不管在什么公司，从事什么工作，就职于哪个岗位，既然选择了工作，只要是能做到的，就要全力以赴地去努力追求每一项任务的完美。只有对自己赋予高标准的员工才能有无穷的动力和能量，做好每一件事情。假如我们从事的是服务行业，怎样才能够创造奇迹般的销售业绩，那就是以我们自己的热情和优质的服务使顾客百分之百地满意，为公司创造利润的同时也给我们自己带来利益。假如我们是技术人员，那就是以极大的努力使我们设计的产品百分之百地符合客户要求，用我们最敬业、最负责任的态度保证每一道程序的顺利完成。只有尊重自己的工作，我们才能拥有一股把工作真正做好的激情，也才会成为一个不可多得的人才，也才能创造属于自己的幸福人生。

做自己喜欢的事

有一位富商，正值壮年时却不幸得了绝症。临终前，透过窗户他看到市民广场上有一群孩子在捉蜻蜓，于是就把自己四个尚未成年的儿子们叫过来，说：“你们到那儿给我捉几只蜻蜓来吧，我许多年没见过蜻蜓了。”

不一会儿，大儿子就带了1只蜻蜓回来。富商问：“怎么这么快就捉了1只？”大儿子说：“这只蜻蜓是我用你送我的遥控赛车换的。”富商点点头，微笑了一下，什么也没有说。

又过了一会儿，二儿子也回来了，他手里拿着两只蜻蜓。富商问：“你这么快就捉了两只蜻蜓？”二儿子说：“我把你送给我的手枪租给了一位小朋友，他给我3分钱；这两只是我用两分钱向另一位有蜻蜓的小朋友租来的。爸，你看这是那多出来的1分钱。”富商仍旧微笑着点点头，什么也没有说。

接着三儿子也回来了，他带来了10只蜻蜓，并小心翼翼地用一个竹笼装着。富商问：“你怎么捉到这么多蜻蜓？”三儿子说："我把你送给我的坦克在广场上举起来，问：'谁想玩坦克，想玩的只需交1只蜻蜓就可以了。'爸，要不是怕你着急，我至少可以收20只蜻蜓。"富商无比爱怜地拍了拍三儿子的头，依旧什么话也没说。

最后回来的是小儿子。他满头大汗，两手空空，衣服上沾满了泥土，脸上还挂着脏兮兮的鼻涕。爸爸问："孩子，你怎么搞的？"小儿子说："我捉了好半天，可一只也没捉到，还摔了几跤，要不是见哥哥们都回来了，说不定我还会抓到一只落在地上的蜻蜓。"富商笑了，眼角里溢满了泪花，他摸着小儿子挂满汗珠的脸蛋，把他搂在了怀里。

第二天，富商死了，床头上放着一张小纸条，上面写着："孩子们，我并不需要蜻蜓，我只想看见你们捉蜻蜓时的乐趣。"

生活中的我们也许真的很期待幸福，但是，到底什么才能使我们感觉到幸福呢？是金钱吗？不是，故事中的这位富商爸爸很有钱，但是，在他看来，能够使他幸福的不是金钱，而是孩子们无忧无虑捉蜻蜓的乐趣。那么，是优秀的成绩吗？也不是，因为，当他看到被带回来的蜻蜓时，并没有感到高兴，他需要的是过程而不是结果。

幸福与否，只有自己最清楚，只有自己才能够决定。只可惜，许多人并不知道自己喜欢什么，于是就把幸福定位在金钱的积聚或地位的尊荣上，但是，当他得到金钱或地位的时候就幸福了吗？不是，因为到那个时候他会失望地发现这些并不能让他幸福，他真正喜欢的不是这些，这便是人生最大的悲哀。

许多人一生都在做自己不喜欢的事情，这其中的原因有主观的也有客观的，这应该也算是我们感觉不幸福的原因。如果我们的心里还怀有对幸福的期待，就勇敢地去做自己喜欢的事情吧！

负起自己的责任

责任让人坚强，责任让人勇敢，责任让人知道关怀和理解。而且，当我们对别人负有责任的同时，别人也在为我们承担起责任。

在家里我们要对家庭负起责任，因为责任让家庭充满温馨；社会也需要我们负起责任，因为责任能够让社会安定、平稳的发展。同样，企业也需要我们负起责任，因为责任让企业更有凝聚力和竞争力。

所谓责任，就是对自己所负使命的忠诚和信守；就是对自己工作出色地完成；就是忘我的坚守。总之一句话，责任就是做好社会、领导、自己或亲人赋予的每一件有意义的事情。

责任，从本质上说，它是一种与生俱来的使命，它伴随着每一个生命的开始和终结。但是，现实当中只有那些能够勇于承担责任的人，才有可能被赋予更多的使命，才有资格获得更大的荣誉。一个缺乏责任感的人或一个不负责任的人，首先失去的是社会对自己的基本认可，其次失去了别人对自己的信任与尊重，甚至也失去了自身的立命之本——信誉和尊严。为此，我们每一个人都需要责任。

一个三口之家在春天到来时走上了他们的幸福之旅，父母、孩子脸上喜气洋洋，本来一切都是幸福美好的。但他们不知道的是正是这次的游玩让他们走近了灾难。

为了更好地看风景，一家三口坐上了高空缆车，从高空看下面的景色真是美不胜收，三人都非常高兴。但随之而来的是灾难，缆车突然间从高空坠落下来。这时所有的人都意识到灾难来了，因为缆车太高了，在心理上人们都认为死定了。但最后营救人员却从坠下的缆车里带回了唯一的一个幸存者，就是那个三口之家当中的孩子，一个5岁大的孩子。

后来一位营救人员回忆说："在缆车坠落时，是他的父亲将他托起，是他的父亲用自己的身躯阻挡了缆车坠落时的撞击，这一挡也将死亡挡在了身上，因此救了孩子。"

听到这里，所有的人都被深深地震撼了。这就是父母在生命最后一刻仍旧没有忘记自己的责任而带来的震撼。他们的责任是保护孩子，所以在最危险的瞬间，父亲用自己的双肩托起了自己的孩子，为他夺得了一次重生的机会。

这就是责任，这就是责任所需要的理由。认识了责任的理由，我们就要清醒地意识到自己的责任，并勇敢地扛起它，无论对于自己还是对于社会，这都将会使我们问心无愧。人可以不伟大，人也可以很清贫，但我们不可以没有责任。任何时候，我们都不能放弃肩上的责任，扛着它就是扛着自己生命的信念。

亲情的责任让大家感动，友情的责任让大家感到幸福，爱情的责任让大家感到忠诚。为此，我们不能推卸责任，因为我们推卸了责任就等于伤害了我们的亲情、友情和爱情。

森林里，一只母狮子正给小狮子喂奶，它没发现危险的到来——猎人正悄悄地走近它。当它感觉到危险的时候，猎人已经举起了长矛。母狮子为了救孩子，放弃了逃跑，而是冲着猎人怒吼而去。发怒的狮子极其凶猛，把猎人吓傻了。因为在一般的情况下，狮子看到猎人拿着长矛早就跑得没影了。可这次的情况不一样，当猎人看到狮子凶怒的样子，早已顾不得刺向狮子了，而是掉头就跑。母狮子最终凭着自己的勇敢，救了自己的孩子。

动物尚且如此，何况我们人类呢？道理是相同的，我们坚守责任，也就是在坚守自己最基本的幸福。

控制自己的情绪

有一个人很不满意自己的工作，他愤恨地对朋友说：“我在公司里的工资是最低的，并且老板也不把我放在眼里，如果再这样下去，终有一天我会辞职不干的。”为什么在我们的工作当中，会出现很多怨声载道的情况呢？我们知道，抱怨是没有任何意义的，只有做好工作才是必需的。

人会高兴，也会生气。这种高兴、生气以及不安、苦恼、紧张等表现是人们对周围各种事情的一种内心感受，是对于客观世界的一种反应，人们通常将这些心理活动叫作情绪。如果我们没有办法驾驭和控制自己的情绪，而让情绪控制了我们的行为，这样的话，会给我们的工作带来消极的影响。

工作中最忌讳的就是带着情绪工作，比如：你对薪水的不满，你对老板的意见……这些都会影响你的工作效率和质量。

乔亚是个很情绪化的女孩，她开心的时候什么都好，不开心的时候同事打招呼她都爱答不理的。有时候心情不好，在办公室里就跟男友在电话中大声吵了起来，这样的情绪化，导致了乔亚在公司的人缘极差，同事们开始都还觉得可能是刚刚参加工作，有些孩子气。可是时间长了，就没有人愿意去安慰她的坏情绪了，大家都对其避而远之，年终的考评中，乔亚被公司辞退了。

一个成熟的职业人士，是不会把自己的情绪带到工作中来的，因为他们知道：情绪只是个人的感受，跟工作无关。如果我们在工作中任意发泄自己的坏情绪，不仅会波及别人，影响别人的正常工作，更是自己不成熟的一种表现。何况公司是一个集体，不是在自己家里，可以由着你的性子来。在公司这个大环境里，每个人都需要温馨且安静的工作氛围。这个时候，因某个人的坏情绪而带来的不和谐，影响人的感官，这个时候，人人当然都避而远之了，还有谁会在意你盛开的美丽。对于我们自己来说，摒除坏情绪带来的影响，也有助于我们把身心投入到工作当中去，进而让自己更好地享受工作、享受生活。